水産学シリーズ

147

日本水産学会監修

レジームシフトと 水産資源管理

青木一郎・二平　章
谷津明彦・山川　卓　編

2005・10

恒星社厚生閣

ま え が き

　マイワシ属魚類における地球規模の同調した資源変動の発見を契機として，ここ10年程の間に，世界の海における様々な水産資源が気候・海洋の長期変動に基因して大きく変動することがわかってきた．10年〜数十年の時間スケールで生じる地球規模での気候−海洋−海洋生態系の状態遷移はレジームシフトと呼ばれ，その概念は資源変動様式の共通認識として新たな一面を加えることになった．それは，第1に，水産資源は環境レジームに対応して数十年の周期で高水準期と低水準期を繰り返す，変動する非定常系であること，第2に，環境レジームに対応して卓越魚種が交替すること，である．しかし，気候変動から資源変動あるいは魚種交替に至るメカニズムについては，残された解明すべき課題となっている．一方，より現実的な問題として，レジームシフトに基づく資源変動の認識に立った新しい資源管理方策と漁業のあり方が求められている．たとえば，環境要因によって変動する資源をどうコントロールすべきか，交替する資源をどう利用すべきか，そしてこれらに適合する漁業の何か新しい形はあるのか，が論点としてあげられる．

　レジームシフトに伴って変動する資源は主に沖合漁業の対象種としても代表され，わが国漁業の重要な位置を占める．水産資源の持続的有効利用を通じて漁業の発展と人類の食料資源の安定的確保を図るためには，このような長期的変動に対応した柔軟で効果的な資源管理システムの開発が急務である．

　そこで，2005年4月4日に，東京海洋大学で開催された日本水産学会大会において，シンポジウム「レジームシフトと水産資源管理」を下記の内容で行った．このシンポジウムでは，（1）水産資源の長期的変動現象の特徴を把握・整理したうえで，（2）その変動に対応しうる管理手法やモデルを提案し，（3）漁業形態や漁業経営，管理制度の側面から現実の資源管理への適用可能性を論議することで，今後とるべき望ましい管理システムのあり方を探ることを目的とした．

　　企画責任者：青木一郎（東大院農）・二平　章（茨城内水試）・
　　　　　　　　谷津明彦（水研セ中央水研）・山川　卓（東大院農）

　本書は，当日の講演内容に質疑応答の趣旨を考慮して執筆し，編集したものである．今後の水産資源管理のあり方の論議や資源の持続的利用の進展に寄与できれば幸いである．本書の出版に当たり，執筆者の方々，日本水産学会の関係各位，並びに恒星社厚生閣の担当者各位に大変お世話になった．ここに記して厚く感謝申し上げる．

　　　　平成17年6月

　　　　　　　　　　　　　　　　　　　青　木　一　郎
　　　　　　　　　　　　　　　　　　　二　平　　　章
　　　　　　　　　　　　　　　　　　　谷　津　明　彦
　　　　　　　　　　　　　　　　　　　山　川　　　卓

レジームシフトと水産資源管理　目次

Regime Shift and Fisheries Stock Management

Edited by Ichiro Aoki, Akira Nihira, Akihiko Yatsu, and Takashi Yamakawa

Postscript

I. レジームシフト

1. レジームシフトとTAC対象資源の管理

谷 津 明 彦 *

　レジームシフト問題の端緒は，Kawasaki [1] による世界のマイワシ資源の同期した変動が海洋と大気の大規模な変動と関係しているという指摘にあった[2]．一方，気候研究では複数の安定解の間を遷移する「準自動システム」の概念が1968年に提唱され，日本各地の気温，海面気圧，降水量などの要素が1950年ごろに一斉に変化した「気候ジャンプ」が1986年に明らかにされた[3]．このような10年規模かつ地球規模での気候と海洋生態系の変動がレジームシフト（構造転換）という概念に発展した[2, 4]．ここでは，レジームシフトとわが国のTAC対象種の資源動態の関連を検討し，レジームシフトを考慮した資源管理の方向性を論じることとした．

§1. レジームシフト

　レジームシフトには，気候レジームシフトあるいは気候ジャンプとして知られる物理現象に対するものと，複数の海洋生物の資源量や漁獲量などで代表される生態系レジームシフトがある．ここでは最近の総説[5] に従って生態系レジームシフトを次のように定義する：海洋の生物群集における複数の重要な構成要素の資源量や生産力の水準が，比較的安定していた状態から別の状態へ急激に変化し，その後も同様なレベルが持続することで，広い海域で複数の栄養段階において生じる．

　気候変化は水温のみならず，黒潮，対馬暖流，親潮など海流の変化や冬季における海水の鉛直混合などにも大きな影響を及ぼすと考えられる．水温や海流は卵稚仔の輸送，鉛直混合は栄養塩の下層からの供給量やタイミングを通じて魚類資源変動に密接な関連がある．黒潮と親潮の動物プランクトン現存量にも

* （独）水産総合研究センター中央水産研究所

10年規模の変動が見られている[6]．また，同じ水域で比較すると表面水温はレジームシフト前後で数℃しか変化せず，多くの魚類の餌となる動物プランクトン現存量の変動は数倍に過ぎないのに，マイワシやカタクチイワシなどのプランクトン食性の小型浮魚類の種別の漁獲量変化は数十〜数百倍に及ぶ[7]．このように，生態系レジームシフトは，突然の気候変化に由来するとしても，開放的な外洋域など大規模な生態系では徐々に変化が蓄積あるいは拡大されると考えられる．一方，海産哺乳類など大型捕食者の資源変動は，長寿命と若齢個体の生残率が比較的高いことから，魚類に比べて緩やかと考えられる．

§2．TAC対象種の資源変動と気候レジームシフト

　わが国のTAC対象種としてはマイワシ，マサバ，ゴマサバ，マアジ，サンマ，スケトウダラ，スルメイカ，ズワイガニがある．これらの漁獲量の変遷（図1・1）によると，マイワシの高水準期は1930年代と1980年代に見られ，アリューシャン低気圧が活発化した時期とほぼ一致した．マアジ，サンマ，スルメイカの漁獲量はマイワシが低水準だった1960年代および1990年代後半に多い傾向が見られる．サバ類（主にマサバ）の漁獲量は両者の漁獲量ピークの

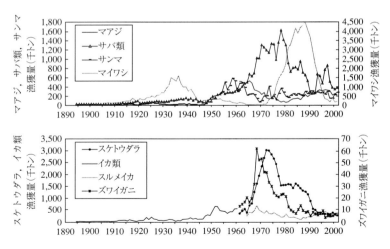

図1・1　わが国のTAC対象魚種の漁獲量の経年変化（漁業養殖業生産統計年報などから）．
注：スケトウダラについては遠洋漁業による漁獲量が含まれる．スルメイカは1961年から，イカ類は1960年まで．

中間に当たる1970年代に多かった．このように浮魚類の漁獲量には10年規模の魚種交替現象が見られる．なお，スケトウダラとズワイガニは1970年前後に漁獲量ピークを迎えたのち近年まで減少を続けてきたが，近年は比較的安定化している．

　わが国周辺を含む北西太平洋は，アリューシャン低気圧，北極周辺の気圧，エルニーニョなど，様々な気候変動の影響を受ける（図1・2）[8]．たとえば，アリューシャン低気圧が発達するとアジア側は寒冷となり親潮も南下し，逆にアラスカ側では温暖な冬となる．アリューシャン低気圧の活動は，太平洋の水温の動向指数PDO（Pacific Decadal Oscillation）によりよく表されている．PDOは緯度5°・経度5°別表面水温の1900年からの全球レベル変動を除いた時系列データの第一主成分である．北極振動指数AO（Arctic Oscillation）は北極の中心と周辺との気圧差で，正偏差年は暖冬傾向，負偏差年には冬の寒波が生じ易くなる．南方振動指数SOI（Southern Oscillation Index）はタヒチ

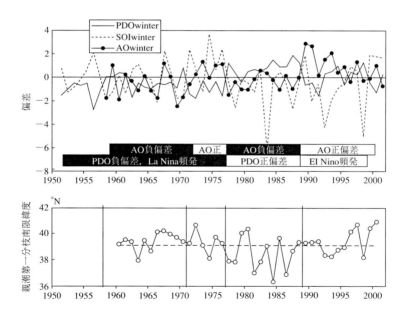

図1・2　PDO，SOI，AOの偏差の経年変化と親潮南限緯度（Yatsuら[8]を改編）．
下図の縦線はYasunaka and Hanawa[9]による海水温に見られたレジームシフト年．

とオーストラリアのダーウィンの気圧差で，負の時はエルニーニョ，正の時はラニーニャが起き易くなる．エルニーニョ時にはわが国では暖冬傾向になる．

アリューシャン低気圧は1920年代〜1945年頃と1977〜1987年に発達し，これらの期間にはPDOは正偏差で，エルニーニョが頻発した．AOは1970年代初期と1989年以降に正偏差となった．北半球の海面水温で見ると，レジームシフトは1925/26年，1945/46年，1956/57年，1970/71年，1976/77年，1988/89年に生じた[9]．なお，1998/99年にもレジームシフトが生じた可能性があるが，他の5回のレジームシフトとは異なる面があるため[10]，暫定的にレジームシフト年と考えた．

ここでは，レジームシフトとの関連が感度よく検討できる指数として，リッカー型再生産式から期待される加入量と実際に観測された加入量の差の対数（ln recruitment residuals，LNRR）[8]を用いた．正偏差のLNRRは，リッカー型再生産式から期待されるよりも多くの加入が生じたことを意味する．一般に魚類の再生産成功率（recruitment per spawner，RPS）の変動は海洋環境の影響を大きく受けるが，これに加えて資源の高水準期には密度効果，低水準期には資源量推定における誤差および産卵親魚量の低下により，RPS自体あるいはRPS推定値の変動幅が増大すると考えられる[11]．LNRRはRPSから密度効果の影響を取り除いたものであるが，資源の低水準期にはRPS同様に真の資源変動を表さない可能性があることに留意されたい．LNRRの計算には親魚量と加入尾数データが必要であるが，これらは最近行われた漁業資源評価[12-19]およびYatsuら[8]から得た．なお，ゴマサバ，サンマ，ズワイガニではデータが不足しているのでLNRRの計算は行わなかった．漁獲の強さの指標として漁獲割合（漁獲量／資源量）を用いた．図1・3および以下に魚種別系群別に資源動態とレジームシフトとの関係を示す．

2・1　マイワシ

太平洋系群では1956/57年シフトの直後に高いLNRRが見られたが，1963年の異常冷水により資源は回復しなかった[20]．1970/71年シフト前後に高いLNRRが生じ，その後1987年までほぼ一貫してLNRRは正偏差をとると同時に漁獲割合も比較的低い水準が継続したため，資源は急速に増加したが，1960年代後半における親魚量蓄積も資源回復の端緒として重要と指摘されている[20]．

1988/89年シフト前後に生じたLNRRの急減に伴い資源量は激減した．1990年代中頃以降，太平洋系群・対馬暖流系群ともLNRRはゼロに近づき正偏差をとる年も見られたものの，漁獲割合の増加もあって資源は極めて低水準に陥った．1998/99年シフトの直後には両系群とも一時的にLNRRが低下した．一方，Tanaka [21] は太平洋系群について1950〜1995年の動態解析を行い，本系群に対する環境収容力（とり得る最大の資源量）は1962年に低レベルへ，1970年に高レベルへ，1987年に再び低レベル（不確実性が大きいものの1962年以前とは異なる）へと変化したことを明らかにした．これらの環境収容力のシフト年は，上記のLNRRが激変した年とほぼ一致した．LNRRは環境収容力の変化した年に激変し，その後の変化は比較的緩やかになったが，これは密度効果が緩和されたためと考えられる [8]．なお，マイワシ太平洋系群の資源量や加入尾数の推定値は1976年以降はコホート解析であるが，1975年以前は産卵量などに基づく手法による値であり，留意が必要である [8]．

2・2　マサバ

太平洋系群は1970〜1976年レジームにおいてマイワシ太平洋系群同様に正のLNRRを示したため，1960年代の資源量の低下傾向は停止し安定した．しかし，1980年代前半にはLNRRはほぼゼロとなり，1986年から急減したことに加えて，漁獲割合が高い水準で経過したため資源量は急減した．LNRRの低下傾向は1988/89年シフトを境に反転し，その後は激しいLNRRの年変動を示した．その中で1992年と1996年には卓越年級群が発生したが，未成魚を中心に強い漁獲圧がかかったために資源は極端な低水準に陥った [22]．一方，対馬暖流系群のLNRRは1976/77年シフトには影響を受けなかったが，1987/88年および1998/99年シフト時には太平洋系群と同様にLNRRに負偏差が短期間生じた．資源変動は対馬暖流系群に比べて太平洋系群の方が著しいが，この原因として太平洋系群の方が海洋環境の変動が大きいことと漁獲圧が強いことが考えられる [11]．なお，Tanaka [21] は太平洋系群の1970〜1995年の動態解析に基づき，1985年を境界として本系群に対する環境収容力が低下したこと，資源動態に自己回帰性があることを報告したが，1985年は上記のLNRRの急減時期にほぼ一致し，水温レジームシフト年とは一致していない．

16

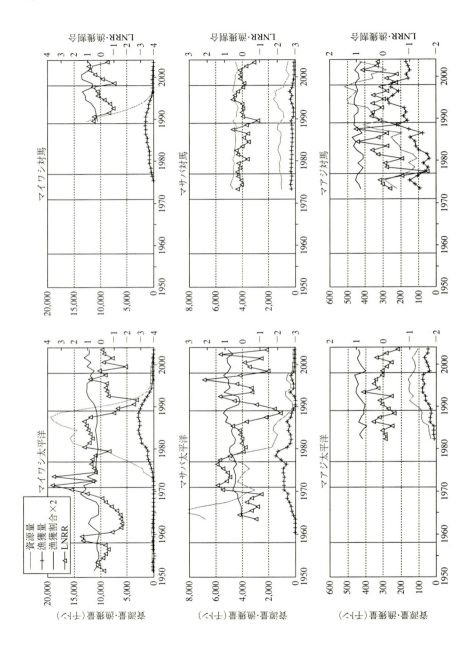

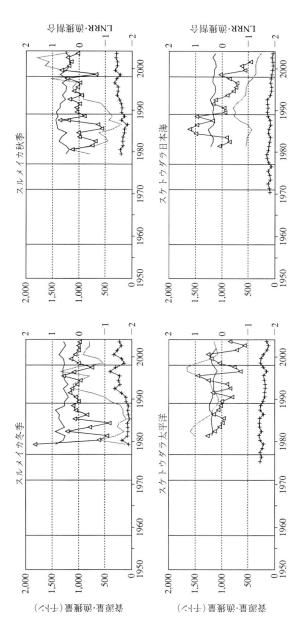

図1・3　マイワシ、マアジ、マサバ、スルメイカおよびスケトウダラの系群別の資源量、漁獲量、漁獲割合およびLNRRの経年変化（詳細は本文を参照）。縦線はYasunaka and Hanawa [9] による海水温に見られたレジームシフト年。すべての魚種・系群において漁獲割合は便宜上2倍して表示した。

2・3　マアジ

太平洋系群ではデータの得られている期間が比較的短いが，レジームシフト年との明確な対応は見られない．1982～1990年代前半にかけてLNRRはほぼゼロで1990年代中頃に正偏差となったが，その後減少傾向にある．対馬暖流系群では1976/77年シフト時にLNRRは著しい負偏差が生じたが，その後1998年ごろまでほぼ正偏差が続き資源は回復した．両系群とも1998年以降のLNRRは不安定である．

2・4　スルメイカ

冬季発生系群・秋季発生系群とも，LNRRは1980年代前半は著しく変化したが負偏差の年が多く，1985年頃から正偏差または偏差ゼロに近い年が続いた（但し1998年を除く）．寿命が1年であるため，資源量はLNRRに敏感に反応し，1990年代前半に急増（両系群とも），1998年と1999年（冬季発生系群のみ）にやや低下した．

2・5　スケトウダラ

太平洋系群ではLNRRの著しい正偏差が時折生じ，1995年と2000年には卓越年級群が形成されたが，レジームシフトとの関係はデータが得られた期間内では明瞭ではない．北部日本海系群では1980年代中頃から1988/89年シフトまでは正のLNRRが連続して資源量は増加したが，1989年以降にLNRRはほぼ連続して減少し負偏差年が多くなったため，資源量は急減している．したがって，北部日本海系群では1988/89年シフトの影響が考えられる．なお，両系群とも漁獲割合の経年変化はマサバやマイワシほど大きくない．

以上により，気候レジームシフト年に対するLNRRの応答は系群により，また，シフト年により異なるが，いくつかの傾向が見られた．すなわち，①シフト年に特異的に変化，②シフト年から2～3年前後にずれて変化，③シフト年付近を境にLNRRが系統的に変化，④シフト年と無関係に見える年から系統的に変化．気候レジームシフトのLNRRに対する影響は，基礎生産を通じたボトムアップと，稚仔魚の輸送や水温変化など環境の直接効果が考えられる[23]．前者は間接効果であり，時間遅れの影響が考えられる．マイワシのLNRRが気候レジームシフトに2～3年先立つ現象について，アリューシャン低気圧の動向が黒潮続流域の冬季水温に数年遅れで生じる一方，マイワシのLNRRは時間遅

れなく水温に応答するためと考えられている[8]. いずれにしても, 個々の系群の動態の理解は, 単なる時間的な一致不一致の現象としてではなく, 主に稚仔魚の生残プロセス研究を経て深まるであろう.

§3. レジームシフトと資源管理

Winemiller and Rose[24] は, 北米産の硬骨魚類の生活史戦略に応じた資源管理方策を提唱した. それによると, カタクチイワシなど短命で産卵季節が長いOpportunistic (日和見) 戦略をとる魚類は内的増殖率が高いので, 適当な禁漁期や禁漁区の設定が重要である. マンボウ, マグロ類, カレイ類など, 大型で晩熟だが産卵量が膨大なPeriodic (周期) 戦略者の管理には親魚資源量の確保が必要である. 成長が遅く大型卵を少数産むEquilibrium (安定) 戦略をとる魚類には, 再生産関係式に基づく管理が適当とされた.

一方, King and McFarlane[25] はカナダ西岸の軟骨魚類を含む広範な商業漁業対象種のデータに基づき, Winemiller and Rose[24] の提唱した生活史戦略に加えてSalmonic (サケ) 戦略と中間的戦略の合計5戦略に類型化し, それぞれについて環境変動やレジームシフトを考慮した資源管理のあり方を提案した. すなわち, Opportunistic戦略と中間的戦略をとる資源では, 資源の低水準期には漁獲の影響が大きいので最低限の親魚量を確保すべきであり, その基準としては過去に資源が回復した時の最低資源量が考えられる. また, これらは寿命が20年以下と短い種であるので, レジームシフトが生じた時期における管理がポイントとなる. Periodic戦略は長命により (ギンダラやメヌケ類の数種は寿命100歳を超える) 不適レジームを乗り切るので, 親魚の多様な年齢構成が重要であり, 資源評価を毎年行う必要はない. Equilibrium戦略の代表とされる軟骨魚類には, 低い再生産率に対応した漁獲圧とすべきである. Salmonic戦略では, 淡水域の密度依存性と降海後の生残率 (後者がレジームシフトに大きく影響される) を管理に利用すべきである.

わが国のTAC種についてみると, いずれも寿命が比較的短く小卵多産である (但しズワイガニの年齢は不明). スルメイカとサンマは寿命が1～2年なのでOpportunistic戦略, サバ類とスケトウダラはOpportunistic戦略とPeriodic戦略の中間に位置し, マイワシとマアジはOpportunistic戦略に近いと考えら

れる.

　日本のマイワシ同様に長期変動するカリフォルニアマイワシについて，MacCall [26)] は10年規模で再生産関係がシフトする状況での資源管理シミュレーションを行い，レジームに応じて漁獲圧を変化させることが必要と結論した．すなわち，再生産関係が良好な時代には高い漁獲圧，再生産関係が悪い時代には低い漁獲圧を基本的に適用すべきとした．興味深いことに，このシミュレーションでは，レジームシフト直後に漁獲圧を変化させる必要はなく，資源水準の遷移期（レジームシフト年から2〜4年間）には以前のレジームの漁獲圧を継続することにより，累積漁獲量を比較的多く保ちつつ産卵親魚量の変動幅を最小化できた．すなわち，再生産関係が改善され，高いRPSが生じた直後では，漁獲圧を抑えて親魚量を蓄積することにより資源を急速に回復できる．一方，RPSが低下した直後（減少期）に高い漁獲圧を継続してよい理由は，親魚を高水準に保つ必要がなく，これを漁獲することにより累積漁獲量が高まるためである．この考え方に従うと，レジームシフトを予測する必要はなく事後的に対処できる [26)]．実際，カリフォルニアマイワシでは，Scripps海岸の表面水温の3年平均値をマイワシを取り巻く環境の指標として資源管理が行われている [26)]．

　川崎 [4)] は水産資源管理について，レジームシフトのリズムを破壊しないように，あるいはリズムを利用して漁獲することが必要と指摘している．すなわち，資源が高水準になったら漁獲圧を高めてよいが，低水準期から回復期にかけて漁獲圧を下げること，特に若齢魚保護の重要性を強調している．この主張はMacCall [26)] による結論とほぼ一致している．なお，マサバ太平洋系群について，回復期には漁獲圧の低減に加えて若齢魚の保護が必要であることがシミュレーションにより明らかにされている [22)]．

　一方，Walters and Parma [27)] は，レジームシフト下の資源管理について，3つの方策（漁獲率一定方策，シフト年に漁獲圧を変更，シフト年が予測可能と仮定してこれに数年先立って漁獲圧を変更）をシミュレーションで検討した．その結果，漁獲率一定方策のパフォーマンスは他の方策より若干低下するだけであり，シフトを予測するコストを考えると漁獲率一定方策が妥当と結論した．しかし，MacCall [26)] は，30年程度と考えられる1つのレジームを超えるよう

な長寿命をもつ種の場合は漁獲率一定方策が妥当だが，短寿命種ではシミュレーションに用いる再生産関係の仮定により結論は変化しうると指摘し，上記のような漁獲圧の事後的なシフトが優れている場合があるとしている．

レジームシフト年に対する異なる漁獲圧の適用を開始する年の設定は，対象生物の寿命や成熟開始年齢に大きく依存すると考えられる．すなわち，単年生資源では時間遅れは最小であることが望ましく，寿命が7年程度のマイワシについては数年遅れが適当と思われる．以上を踏まえて，生活史戦略に応じた管理の考え方について表1・1にまとめた．

表1・1　生活史戦略に応じた資源管理方策（King and MacFarlane[25]を改編）

戦略名	戦略の内容	代表種	資源管理方策
Opportunistic 日和見戦略	早期の成長，1〜数年の寿命，高い生態的効率，小型卵	カタクチイワシ，イカ類	産卵親魚量の最低値の確保，レジームに応じた漁獲圧
日和見と長寿多産戦略の中間	同上，但し寿命は10年程度で環境の長期変動に対応	マイワシ，サバ類，スケトウダラ	同上，但し漁獲圧調整は数年遅れの対応でよい
Periodic 長寿多産（周期）戦略	大型化・長寿命化，親魚の生残率改善，小型卵を多産	メヌケ類，ギンダラ，マグロ類，カレイ類	多様な年齢構成の確保，禁漁区，資源評価は数年おきでよい
Salmonic （長寿多産と安定戦略の中間）	短命だが大型卵で稚魚の生残率改善，亜寒帯海洋の生産力を利用	サケ・マス類	淡水域での密度依存性と海水域での生残率に応じた，獲り残し量確保
Equilibrium 安定戦略	稚魚の生残率改善，大型卵を少産	サメ・エイ類	低い漁獲圧（安定した環境が前提）

Walters and Parma[27]およびMacCall[26]のシミュレーションでは，環境収容力あるいは再生産関係についてレジームに応じて高水準あるいは低水準状態を想定していた．しかし，日本のTAC対象系群におけるLNRRはレジームに応じて高低いずれかの状態をとる例は少なかった．また，Tanaka[21]がマイワシ太平洋系群について示した環境収容力の2回の低いレベルは同等とは考えられず，マサバ太平洋系群では環境収容力のシフトに加えて資源動態の短周期性が観測された．すなわち，水産資源の変動は単純に何らかの「高低」で代表さ

れるものではない．これは，ある気候ジャンプへの応答が様々な形態を取り得ること[3]の具体例であろう．さらに，ここで扱ったLNRRの激変した年は気候レジームシフト年と常に一致したわけではない．したがって，水産資源管理におけるレジームシフトの考慮は，ユニークな生活史をもつ個々の系群に応じてなされるべきである．しかし，気候レジームシフトは生態系レジームシフトや複数の水産資源の再生産関係に重大な影響を及ぼす可能性があることから，モニタリングの継続により，魚種共通の課題として速やかな対応に備える必要があろう．

　わが国のTAC対象種のABC算定では，資源水準に応じた漁獲係数Fのコントロールが推奨されている．そこで，西田ら[15]において須田が行ったように，過去の再生産関係を再現できる仮想現実モデルを構築し，資源管理基準とするFの値，Fの削減を開始する資源量の閾値（B_{limit}）について虱潰しに組み合わせを比較検討し，最も妥当なFとB_{limit}の組み合わせを探索することが考えられる．同様な手法によりB_{ban}（禁漁の閾値）を含めた検討も可能である．しかし，現在のところわが国のTAC対象種についてはABCとTACの乖離が大きい系群が多く[28]，今後，レジームシフトを含む環境変動下での適切な管理方策がオペレーティングモデルなどにより明らかにされ，実際の管理に応用されることが望まれる．また，オペレーティングモデルによる検証が不可能な場合では，類似した生活史特性をもつ系群の例を参考に管理の方向性が検討できよう．

文　献

1 ）T. Kawasaki: Why do some pelagic fishes have wide fluctuations in their numbers? *FAO Fisheries Rep.*, 291, 1065-1080（1983）．

2 ）川崎　健：浮魚生態系のレジームシフト（構造転換）問題の10年－FAO専門家会議（1983）からPICES第3回年次会合（1994）まで，水産海洋研究，58，321-333（1994）．

3 ）花輪公雄：気候のレジームシフトと海洋生態系の応答，月刊海洋，30，389-394（1998）．

4 ）川崎　健：地球システム変動の構成部分としての海洋生態系のレジーム・シフト，月刊海洋，35，196-205（2003）．

5 ）A. Bakun: Chapter 25-regime shifts, in "The Sea, Vol.13"（eds. by A.R. Robinson and K. Brink），Harvard University Press, in press.

6 ）小達和子：東北海域における動物プランクトンの動態と長期変動に関する研究，東北水研報，56，115-173（1994）．

7 ）谷口　旭：プランクトン系におけるレジームシフトの現れ方，月刊海洋，35，162-

166（2003）.

8）A.Yatsu, T.Watanabe, M.Ishida, H.Sugisaki, and L.D. Jacobson: Environmental effects on recruitment and productivity of Japanese sardine *Sardinops melanostictus* and chub mackerel *Scomber japonicus* with recommendations for management, *Fish. Oceanogr.*, 14, 263-278（2005）.

9）S. Yasunaka and K. Hanawa: Regime shifts found in the Northern Hemisphere SST field, *J. Meteorl. Soc. Japan*, 80, 119-135（2002）.

10）花輪公雄・安中さやか：海面水温で検出した20世紀のレジームシフト，水産海洋研究，68, 255（2004）.

11）檜山義明：マサバの個体数変動，月刊海洋，36, 756-760（2004）.

12）檜山義明・依田真里・大下誠二・山本圭介・由上龍嗣：平成16年マアジ対馬暖流系群の資源評価，我が国周辺水域の漁業資源評価，第一分冊，水産庁増殖推進部・水産総合研究センター，2005, pp.72-97.

13）檜山義明・依田真里・大下誠二・山本圭介・由上龍嗣：平成16年マサバ対馬暖流系群の資源評価，同誌，2005, pp.144-169.

14）石田　実・三谷卓美・阪地英男：平成16年マアジ太平洋系群の資源評価，同誌，2005, pp.55-71.

15）西田　宏・谷津明彦・石田　実・能登正幸・須田真木：平成16年マイワシ太平洋系群の資源評価，同誌，2005, pp.11-36.

16）大下誠二：平成16年マイワシ対馬暖流系群の資源評価，同誌，2005, pp.37-54.

17）八吹圭三・本田　聡：平成16年スケトウダラ太平洋系群の資源評価，同誌，2005, pp.304-339.

18）八吹圭三：平成16年スケトウダラ北部日本海系群の資源評価，同誌，2005, pp.249-283.

19）谷津明彦・渡邊千夏子・西田　宏・三谷卓美：平成16年マサバ太平洋系群の資源評価，同誌，2005, pp.98-143.

20）黒田一紀：マイワシの来た道・辿る道—1960年代におけるマイワシ資源の増加の兆候—，黒潮の資源と海洋研究，6, 1-11（2005）.

21）E. Tanaka: A method for estimating dynamics of carrying capacity using time series of stock and recruitment, *Fish. Sci.*, 69, 677-686（2003）.

22）H. Kawai, A. Yatsu, C. Watanabe, T. Mitani, T. Katsukawa, and H. Matsuda : Recovery policy for chub mackerel stock using recruitment-per-spawning, *Fish. Sci.*, 68, 963-971（2002）.

23）P. Cury, A. Bakun, R.J.M. Crawford, A. Jarre-Teichmann, R. Quinones, L.J. Shannon, and H.M. Verheye: Small pelagics in upwelling systems: patterns of interaction and structural changes in "wasp-waist" ecosystems, *ICES J. mar. Sci.*, 57, 603-618（2000）.

24）K.O. Winemiller and K.A. Rose: Patterns of life-history diversification in North American fishes: implications for population regulation, *Can. J. Fish. Aquat. Sci.*, 49, 2196-2218（1992）.

25）J.R. King and G.A. McFarlane: Marine fish life history strategies: applications to fishery management, *Fish. Manage. Ecol.*, 10, 249-264（2003）.

26）A.D. MacCall: Fishery-management and stock-rebuilding prospects under conditions of low-frequency environmental variability and species interactions, *Bull. Mar. Sci.*, 70, 613-628（2002）.

27）C. Walters and A.M. Parma: Fixed exploitation rate strategies for coping with effects of climate change, *Can. J. Fish. Aquat. Sci.*, 53, 148-158（1996）.

28）谷津明彦：ABC算定ルールとTAC制度，水情報，23, 8-12（2003）.

2. レジームシフトにともなう底魚類の資源変動とその管理

二　平　　章 [*1]

　2001年6月に制定された「水産基本法」は,「資源の適切な保存管理と持続的利用」を柱の1つとし, 国は, 減船・休漁などによる漁獲努力量の削減を計画的に行う「資源回復計画」制度を2002年度からスタートさせた. その基本的考え方の特徴は, 乱獲による資源性状の悪化が漁獲量を減少させたとし, 減船などによる漁獲努力量の削減によって資源回復をはかろうというものである（平成13年度水産白書）. 底魚類についてはその資源変動は比較的安定で漁獲努力量の調節で資源量はコントロールされるとする考えが長い間支配的であり, 三陸・常磐海域の底魚類についても, 1970年代以降の資源減少要因は漁獲圧力の増大にあると考えられてきた[1]. しかし, はたして単純に底魚類資源の変動要因は漁獲圧力の増大にあったと言えるのであろうか. ここでは, 三陸から房総海域における沖合底曳網漁業対象資源を例に, 底魚類の資源変動とその管理問題について検討する.

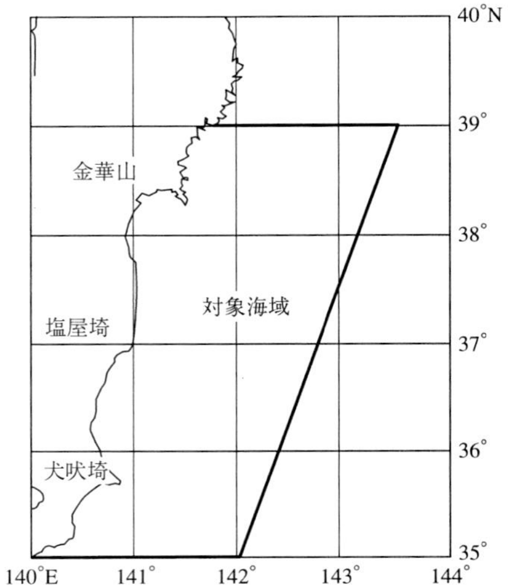

§1. 三陸から房総海域における底魚類の資源変動

　1976〜2001年の太平洋北区沖合底曳網漁業漁場別漁獲統計から, 金華山から房総海区（図2・1）における1そう曳オッタートロールによる

図2・1　調査対象海域

*1 茨城県内水面水産試験場

各魚種別1曳網当たり漁獲量値（CPUE）と，補足的資料として1990～2001年の茨城水試漁獲情報システムデータ[2]から茨城県所属知事許可小型底曳網の1日1隻当たり魚種別漁獲量値を計算した．

1・1　沖合底曳網漁獲努力量の経年推移

　図2・2に1976年から2001年までの金華山から房総海域における沖合底曳網漁獲努力量の経年推移を示す．投網数は1976年から1987年までは6万～8万回で推移し，1988年からは福島県所属知事許可船の大臣許可への切り換えにともない一時的に12万回以上に上昇するが，その後は9万～10万回で推移している．1990年代の投網数は1970年代に比較して多く，さらに漁船の漁労装備の進展状況からすると，1990年代の漁獲圧力は1980年代以前よりもかなり増加しているものと考えられる．

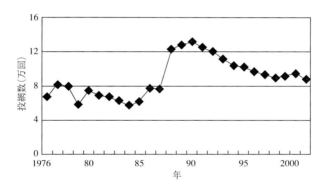

図2・2　沖合底曳網漁業の漁獲努力量（投網数）の経年動向（1そうトロール網）

1・2　底魚類のCPUEの経年変動

　底魚類をその主分布水深帯から，水深100 m以浅の沿岸域分布種，水深100～200 m域の陸棚域分布種，水深200 m以深の陸棚斜面域分布種に区分し，魚種別CPUEの経年動向を検討した．沿岸域分布種ではイシガレイ，マガレイ，ヒラメが1994/95年，ムシガレイが1992/93年を境にCPUEを増加させた．陸棚域分布種ではヤナギムシガレイ，キアンコウ，ババガレイが1970年代から1980年代にかけてCPUEを減少させていたが，それぞれ1994/95年，1990/91年，1995/96年を境に，またタコ類（ヤナギダコが主）が1988/89年を境にCPUE

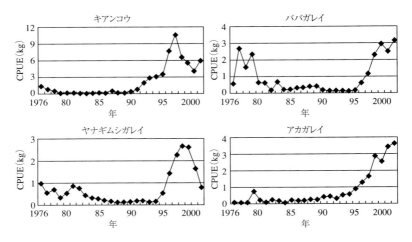

図2・3　沖合底曳網による4魚種のCPUEの経年変動

を急増させた．陸棚斜面分布種では，アカガレイが1994/95年を境にCPUEを増加させたが，サメガレイ，キチジ，メヌケ類のCPUEはいずれも連続的に減少傾向を示した[3]．図2・3には代表的な4魚種のCPUEの経年変動を示した．

　また，茨城県における知事許可小型底曳網では，沿岸域分布種のヒラメが1994/95年，マコガレイが1993/94年，ムシガレイが1994/95年，イシガレイが1995/96年，マガレイが1993/94年を境にCPUEを増加させ，ホウボウ類も1990年代になってCPUEが増加傾向にある．陸棚域分布種ではヤナギムシガレイが1994/95年，キアンコウが1991/92年，ババガレイが1996/97年，陸棚斜面分布種では，アカガレイが1993/94年，サメガレイ，キチジ，ボタンエビもそれぞれ1996/97年，1999/2000年，2000/2001年を境にCPUEを増加させている[3]．

　このように，三陸から房総海域における多くの底魚類は，1970年代から1980年代にかけて，資源水準を低下させたが，1990年代に入ってからは高い漁獲圧力のもとでも逆に資源量を増加させたことがわかる．

1・3　加入豊度の高い年級群の発生年

　生物測定データを検討した結果によれば，資源豊度の高い発生年級はイシガレイでは1995年級，マコガレイでは1994，1996，2000年級，マガレイでは

1993，1997年級，ヒラメでは1991，1994，1995年級，ヤナギムシガレイでは1994，1995，1996，1997年級，ババガレイでは1993，1994，1996，1997，1999年級，キアンコウでは1990，1994，1999年級，アカガレイでは1995年級，キチジでは1995，2000年級と考えられる．ホウボウ類も1990年代はじめに生き残りのよい年級を発生させたと推察された．特徴的なのは同じ年に複数魚種で同時的に生き残りのよい年級を発生させたことである．

1・4　顕著な増加を示した魚種の産卵期と適水温環境

1990年代に顕著な増加を示した魚種の産卵期は，メイタガレイが11～12月，イシガレイ・マコガレイが12～1月，ヤナギムシガレイが1～2月，ババガレイが3～4月，マガレイが3～5月，アカガレイが4～5月，ムシガレイが4～6月，ヒラメ・キアンコウが5～6月である．

産卵水温はマガレイが6～10℃，アカガレイが7～15℃，ババガレイが10℃，ヤナギムシガレイが10～12℃，マコガレイ・イシガレイが10～15℃，ヒラメが14～17℃とされている．大半の魚種の産卵適水温は10℃以上となっており，また，仔稚魚期の成育のための適水温は産卵水温よりはやや高めでやはり10℃以上である[3]．

§2.　三陸・常磐海域の海洋環境変動

2・1　親潮南限緯度の時系列変化

三陸から常磐海域は冬春季にかけて親潮の南下が顕著となる．そこで，対象海域における海洋環境の経年変動を調べるために，100m深5℃で指標される親潮第1貫入の1～6月期における最南限緯度の経年変化を検討した．親潮第1貫入の最南限緯度は1973/74年，1986/87年を境にその間，北緯37°の塩屋崎を越え連続的に南進する傾向にあった．つまり，親潮第1貫入の南限緯度は1973年以前の北退期（温暖レジーム期），1974～1986年の南進期（寒冷レジーム期），1987年以降の北退期（温暖レジーム期）に3分された．最南限緯度の平均は1960～1973年には北緯38.42°，1987～2001年には北緯38.46°であったのに対して，南進傾向の強かった1974～1986年には北緯37.54°となった．ただし，北退期に区分した1987年以降でも1992，1993，1994年の3年間には親潮は連続して北緯37°の塩屋崎を越え南進していた[4]（図2・4）．

　親潮第1貫入の南進パターンの持続状況を検討するために，1960～1973年および1987～2001年の温暖レジーム期と1974～1986年の寒冷レジーム期の3期における平均的な月別南限緯度を整理した．寒冷レジーム期には，南限緯度の標準偏差域が北緯38°を越える月が主要な底魚類の産卵期および仔魚の生育期にあたる2月から6月までと5ヶ月におよぶことが明らかとなった．

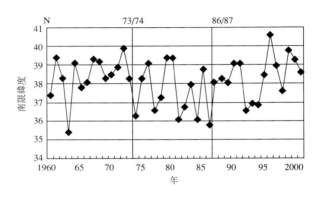

図2・4　親潮第1貫入最南限位置の経年変動[3]

2・2　北太平洋の大気大循環場の変動と親潮貫入

　レジームシフトとは気候・海洋生態系の基本構造が，段階的あるいは不連続的に転換することを意味する．太平洋の気候データを解析したMinobe[5]は1900年以降，1924/25，1947/48，1976/77，1989/90に気候レジームシフトが発生したとし，親潮の異常南下の指標となる宮城江ノ島の春季の水温には3回のシフトの影響が現れているとしている．また，Yasunaka and Hanawa[6]は北半球海面水温（SST）と大気データの解析から，1925/26，1945/46，1956/57，1970/71，1976/77，1988/89に気候ジャンプが認められるとしている．両者とも1970年代半ばと1980年代後半にレジームシフトが発生したとする点は共通している．

　今回検討した親潮第1貫入の南限位置の南北シフトもこの1970年代半ばと1980年代後半に起こっている．これまで親潮第1貫入の南限位置の変動は，北太平洋上の冬季における大気大循環場の変動と関連があることが指摘されている[7-10]．なかでもHanawa[9]は冬季の風応力場から求めたスベルドラップ輸

送量（期待される親潮の流量）が，親潮第1貫入の年平均南限位置と高い相関関係にあることを示している．このことは，常磐海域の海洋環境の寒冷化あるいは温暖化シフトは，1970年半ばおよび1980年代末に大気循環場でおきた十数年スケールの変動にリンクしておきた海洋環境レジームシフトであることを示唆している．

§3. 海洋環境レジームシフトと底魚類の加入量変動

3・1　親潮貫入の挙動と底魚類の応答

これらの気候・海洋レジームシフトと関連してマイワシ資源が劇的な増加と減少を示したことが広く知られ，以来，主に浮魚類を中心に日本周辺の魚類資源のレジームシフトは議論されたが[11-13]，底魚類については，これまで日本においては気候・海洋レジームシフトと関連して資源変動が議論されたことはなかった．

金華山から房総海域における底魚類において，加入量水準の高い年級の発生は1987年のレジームシフト後でも特に1994年以降に起こっている傾向が強い．おそらくこれは，1987年から1991年まで北退傾向になった親潮第1貫入が再び1992年から1994年まで連続的に南進したことと無縁ではないであろう．1986年まで再生産に失敗を続けてきた多くの底魚類では，1987年から温暖レジーム期に入るなかで徐々に再生産効率を高めたと思われる．しかし，1987年までの産卵親魚量水準は最低の水準に達していた魚種が多いことから，温暖レジーム初期には産卵量水準は低かったこと，また1987年以降の新規加入魚の多くが産卵親魚となるのには3年は必要なことから，海洋環境の温暖化シフト年と底魚資源量の増大には数年のタイムラグが生じざるを得なかったものと思われる．しかも1992年から1994年まで，再び親潮の南進が顕著になったこと，1988，1989，1992，1993年には夏期まで親潮第1貫入が金華山海区以南に留まったことから，海洋環境の温暖化シフトにともなう底魚資源の加入量増大は1994年以降になったものと思われる．とくに1994年は多くの魚種で卓越的年級を発生させている．1994年は4月に一時的に親潮が北緯37°まで南進したものの，5月以降は北退傾向が強くなったことが，卓越的年級の発生を保障したと思われる．

　いずれにしても，親潮貫入の「北退期」になった1987年以降になってカレイ類をはじめとする底魚類に卓越的年級が発生していること，しかも複数種で同時的に卓越的年級を発生させていることは，「親潮貫入の北退化」の海洋環境レジームシフトに応答した現象として，これらの種が生き残りを高めた結果といえる．

3・2　動物プランクトン量の十数年スケール変化

　つぎに，水温環境の他に底魚類の加入変動に影響を与えると考えられる動物プランクトン量に1990年代半ばを境とする十数年スケールの変化が認められるかどうかを検討した．使用したデータは1981年から2002年まで22年間における海洋観測定点，北から福島県の富岡沖（T-line）5点，塩屋崎沖（S-line）5点，茨城県の会瀬沖（A-line）4点，大洗沖（O-line）4点におけるノルパックネット採集による動物プランクトン湿重量値データである．各lineごとの調査点当たり平均プランクトン湿重量値を計算し，lineごとの平均湿重量値の経年変化を検討した．

　富岡沖では1993/94年（図2・5），塩屋崎沖では1992/93年，会瀬沖では1990/91年，大洗沖では1992年を境にプランクトン湿重量は明らかに増加していた．増加シフト以前と以後の平均湿重量を比較すると，富岡沖では3.1倍，塩屋崎沖では2.2倍，会瀬沖では4.0倍，大洗沖では2.8倍の増加を示した．増加シフト以前と以後のプランクトン量の季節別増加率を計算すると塩屋崎沖

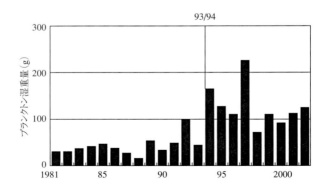

図2・5　常磐海域における動物プランクトン年平均湿重量の時系列変化
　　　　（福島県富岡沖）

を除く富岡沖，会瀬沖，大洗沖とも1〜3月期，4〜6月期が4.0倍以上の増加を示した[*2]．

　このように動物プランクトン量には1990年代前半を境とする十数年スケールの増加シフトと，底魚類の再生産時期である冬季から春季にかけてとくに大きな増加シフトが起こったことが確認された．以上のことから底魚類資源の卓越年級群の発生に動物プランクトン量の増加が重要な役割を果たした可能性が考えられた．

3・3　底魚の加入量変動に与える水温および動物プランクトン量の影響

　水温条件と動物プランクトン量が実際に底魚の加入量を決定する要因となっているかどうかを確かめるため，事例としてヤナギムシガレイを取り上げ，その加入量と水温環境および動物プランクトン量との関係を検討した．ヤナギムシガレイは1〜2月に産卵し，3ヶ月間の浮遊生活を送った後に4〜5月に変態して着底する．そこでヤナギムシガレイの浮遊仔魚期と変態着底期における水温条件および動物プランクトン量と加入量との関係を検討した．加入量は浮遊仔魚期の1〜3月に動物プランクトン量が多い年ほど高く，また着底期である4〜5月に水温値が9〜13℃の間にある年に高い傾向が認められた（図2・6，図2・7）．以上のことから卓越年級発生の決定因子は浮遊期と変態着底期という発育段階に対応した動物プランクトン量と水温条件にあると考えられた．

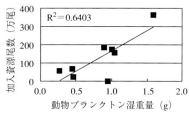

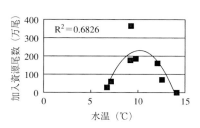

図2・6　1〜3月期における動物プランクトン分布量とヤナギムシガレイ加入量との関係（高橋・二平，未発表）

図2・7　4〜5月期における100m層水温とヤナギムシガレイ加入量との関係（高橋・二平，未発表）

*2　二平　章・黒山忠明・根本昌宏・早乙女忠弘：常磐海域における動物プランクトン湿重量の10年スケール変動，底魚類資源のレジーム・シフトに関連して，2003年度水産海洋学会研究発表大会講演要旨集，2003，pp.84-85.

§4. 「レジームシフト種」の適応戦略と漁獲管理

4・1 「レジームシフト種」の空間分布とローカルストック

　10年や数十年規模で起きる気候・海洋の環境変動シフトに対し個体数を劇的に変化させる種をここでは「レジームシフト種」と呼ぶことにする．金華山から房総海域における底魚類の多くは1970年代から1980年代にかけて資源水準を最低レベルまで低下させた後に，1990年代になってから，管理的措置のないまま再び加入水準の高い年級を発生させて資源量を増加させた．資源低迷期においてはたとえばヤナギムシガレイやキアンコウなどはまったくといってよいほど漁獲物の中から姿を消した．これはやはり資源低迷期に「幻の魚」といわれたマイワシの例と同様である．

　資源低迷期における資源管理について「最低親魚量水準」の議論が行われる．モデルの上での計算で，種が絶滅しないレベルが存在しそうなのは理解できる．しかし，現実のフィールドでの「最低親魚量水準」がどこにあるのかはむずかしい問題であり，便宜的に最低漁獲レベルの時の資源量が用いられることも多い．

　種は個体数変動と同時に空間的分布変動をもつ．「レジームシフト種」は10年や数十年規模で起きる環境変動シフトに対し個体数を劇的に変化させる．常磐・鹿島灘海域におけるヤナギムシガレイやキアンコウもアリューシャン低気圧の発達にともなう親潮水の南下シフトに応答して個体数を激減させた．ヤナギムシガレイやキアンコウは親潮水と黒潮水に挟まれる遷移帯（ecotone）でしかも大陸棚上に分布する特性をもつ．これらの種は寒冷レジーム期になると親潮水におおわれる常磐・鹿島灘海域の大陸棚上からは姿を消し，わずかに津軽暖流の影響を受ける八戸沖や陸奥湾と黒潮の影響下の九十九里沖にその漁獲分布

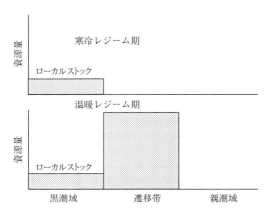

図2・8　温暖レジーム期に増大する底魚種の地理的適応

が認められる．両種とも種分布としては太平洋側では資源量レベルは低いながらも九州から沖縄以南にまで分布するローカルストックをもつ．東北沿岸の海洋環境が寒冷レジーム期に入った時，両種は常磐・鹿島灘海域からは姿を消しても，千葉県以南の個体群は維持される機構をもつ．つまり寒冷レジーム期にはより南側のローカルストックが細々と資源を維持し続け，十数年後に再び温暖レジーム期が到来すると，これらのストックを供給源にして，常磐・鹿島灘海域の大陸棚上に爆発的に資源を復活させると考えられる（図2・8）．

4・2　資源低迷期におけるローカルストックの管理

レジームの転換にともなう南方から北方への量的拡大と分布域の拡大は，膨大な卵量をもち長い浮遊仔魚期間をもつ底魚類にとってはきわめて容易である．逆に言えば，「レジームシフト種」である底魚類は，十数年や数十年スケールで起きる海洋環境のシフトに適応して，もっとも環境変化の激しい遷移帯の生産力を巧みに利用して劇的に個体数変動をなしとげる適応戦略をとって生き延びてきた種なのである．

「レジームシフト種」を対象とする漁業，特に東北の沖合底曳網や北部まき網などの大規模漁業は，資源量レベルが十数年あるいは数十年間連続的に高水準で現れる遷移帯を漁場として成立した産業である．ひとたびヤナギムシガレイやキアンコウ，あるいはマイワシに不適な環境レジームにシフトすれば，これらの産業は別の漁獲魚種へ転換してこのレジーム期を乗り越えるか，転換がうまくいかなければ経営は困難な状況を余儀なくされる．底魚の場合，ある魚種に不適な環境レジームに入れば，遷移帯では産卵親魚を残す完全な漁獲管理を行ったとしても資源は連続的に加入に失敗して衰退に向かう．資源低迷期に管理が必要であるとすれば加入が一義的に海洋環境変動に支配される遷移帯よりはむしろ，次のレジーム期における資源の供給源となる南側の黒潮域側に広がるローカルストックの資源管理であろう．

4・3　資源増大期における底魚管理

寒冷レジームから温暖レジームへの移行にともない，ある種に卓越的な年級が発生した場合に，その情報は日々操業する民間船や定期的にモニターする研究機関の調査船漁獲物に即座に反映されることから，情報を把握することは容易である．この卓越的な年級は次のレジームにおける安定的な資源再生のため

の橋渡しの役割を果たす．したがって，未成魚である小型魚に対して厳しい成長管理措置を施し，資源のスムースな立ち上がりを保証すべきである．

底曳網漁業，とくに大陸棚上における漁業では，多くの魚種を同時に漁獲対象にする漁業であることから特定種の管理は困難と考えられがちである．しかし，漁業者は小型魚の詳細な分布情報を的確に把握しており，仮に小型魚保護の合意形成が成立するならば漁業者間における管理措置の実行は十分可能であると思われる．ただし，レジームへの移行期には多様な魚種の新規加入が起こることから，加入状況に迅速にしかも取り決める禁漁区，禁漁期間，漁獲サイズなどの管理措置は柔軟に対応可能な規定でなければならない．そのためには，たとえば鹿島灘の貝桁漁業のように，漁業者の自主的な管理・調整機構が各漁協間で組織され，役員や後継者レベルでの頻繁な情報交換を通して，地域共同体としての意識が漁業者間に醸成されていなければならない．したがって，このような管理を行おうとする場合に管理組織は県を越えるレベルでは非常に困難にならざるを得ないのが常である．

4・4　地域性・家族制漁業優先施策への転換と管理

常磐・鹿島灘における底曳網漁業において適正な管理措置が困難な要因としては，1つには，大臣許可船による広域操業によって，自県前の資源・漁場の排他性が確立できないこと，2つには，高額化する船の建造費，雇用労賃と低迷する魚価格で多額な借入金返済に追われて「乱獲的」操業から離脱できないという経営の短期的・長期的不安定性が根底にある．

したがって，底曳網漁業が管理的な漁業へ移行するためには，①他県船に対する資源・漁場の排他性を確保させること．そのためには，県を単位とした地先性・地域性漁業，家族制漁業の優先性の制度的保障を確立させること．②現在水深60m域まで操業できる大臣許可漁業の漁場を200m以深とし，200m以浅の大陸棚域を知事許可の省人型底曳船専用にすること．③それぞれの県知事許可底曳船の漁業管理組織を確立させ，自主的な管理・調整機能を発揮させること．また，経営の安定性確保のためには，①地域漁業にもとづく省力・省人型漁船への転換をはからせること．②そのための建造費補助，借入金返済期間の延長など財政的支援を行うこと．③水揚げのプール制などによる共同操業化によって，競争漁業による無駄を省き，経営の安定化を図ること．④レジー

ムシフトに対する科学的認識を深め，レジームの転換を見通した経営戦略を立
てさせることなどが大切であろう．

§5. おわりに

1970年代半ばと1980年代後半に起きた魚類資源におけるレジームシフト現
象はここで述べた底魚類ばかりではなく，イワシ類，サンマ，スルメイカ，カ
ツオ，マグロ類，サケ・マス類，イカナゴなどで広く認められる．戦後の日本
漁業の生産力展開過程からすると，1960年代から1970年代は高度経済成長期
に当たり，1963年の沿振法のもとに漁業にあっても増トン増馬力化など急速
な生産手段の増大化が進行した時代であった．したがって，1970年代後半か
ら1980年代における様々な魚種の資源減少の要因は，ともすると過大な漁獲
努力量によるものであるとする考えが支配的であった．しかし，ここで述べた
ように1990年代以降の漁獲動向からすると，少なくとも太平洋北区の底魚類
に見られる1970年代の資源減少の基本的な要因はむしろ大気・海洋系のレジ
ームシフトにあり，1990年代からは底魚類資源増加の新たなレジームへ移行
したと考えることができる．国が推進する「資源回復」政策には，単純な「減
船論」ではなく，レジームシフトに対応したきめ細かな資源と漁業の安定対策
が求められている．

文　献

1) 山村織生：親潮海域における底生魚類群集，群集構造・栄養経路と人為的影響，月刊海洋，**30**（6），339-347（1998）．

2) 二平　章・土屋圭己・佐々木道也・郡司正一・高橋　惇・草野和之：市場水揚情報の迅速収集のためのコンピュータネットワークシステムの構築，茨城水試研報，**32**，59-80（1994）．

3) 二平　章：底魚類の資源変動と気候変化，北日本漁業経済学会誌，**32**，42-50（2004）．

4) 二平　章・須能紀之・高橋正和：三陸・常磐海域における底魚類のレジーム・シフト，月刊海洋，**35**（2），107-116（2003）．

5) S. Minobe: A 50-70 year climatic oscilla-tion over the North Pacific and North America, *Geophys. Res. Lett.*, **24**, 683-686（1997）．

6) S. Yasunaka and K. Hanawa: Regime shifts found in the northern hemisphere SST field, *J. Meteorol. Soc. Jpn.*, **80**, 119-135（2002）．

7) Y. Sekine: Anomalous southward intru-sion of the Oyashio east of Japan, *J. Geohys. Res.*, **93**, 2247-2245（1988）．

8) 花輪公雄：北太平洋上の大気大循環と親潮の長期変動，北水研報告，**55**，125-139（1991）．

9) K. Hanawa: Southward penetration of the

Oyashio water system and the wintertime condition of midlatitude westerlies over the North Pacific, *Bull. Hokkaido Natl. Fish. Res. Inst.*, **59**, 103-120 (1995).

10) 花輪公雄・熊谷明典：親潮第1貫入南限位置の予測モデル，月刊海洋，**28**(1)，56-61 (1995).

11) T. Kawasaki: Why do some pelagic fishes have wide fluctuations in their numbers?

FAO Fish. Rep., **291**, 1065-1080 (1983).

12) 桜井泰憲：気候変化に伴うスルメイカ資源変動のシナリオ，月刊海洋，**30**(7)，424-43 (1998).

13) 田　永軍・赤嶺達郎・須田真木：北西太平洋におけるサンマ資源の長期変動特性と気候変化，水産海洋研究，**66**(1)，16-25 (2002).

3. 太平洋におけるクロマグロ資源の長期変動と管理

山 田 陽 巳[*1]

　わが国では貝塚から稀にマグロの骨が発見される．万葉集（760年頃）にもすでに瀬戸内海でクロマグロが漁獲されていたことを示す歌が2編収められている．江戸時代1783年に書かれた伊豆紀行には絵入りで駿河湾内浦湾での建切網の操業風景が記されるなど，古くより太平洋に分布する本種はわが国にとって最も重要な水産資源の1つである．本種は，高度回遊性魚類の1つで，北太平洋の温帯域に広く分布し，南半球でも時々漁獲される[1]．一方，北大西洋には亜種が分布するとされていたが，現在では太平洋と大西洋に分布する両者を別種[2]として取り扱うことが多い．

　ここでは，まず可能な限り長期間にわたる本種の資源変動の記述を試み，その特徴を分析する．次に本種の資源変動とそれに及ぼす環境要因の関係についての知見を考察し，最後に資源解析研究の現状および漁業の特徴などを考慮して，現在とりえる最も適当と思われる管理方策について若干の考察を加えたいと思う．

§1. 資源の長期変動

1・1　漁況の長期変動

1) 漁獲量の推移

　わが国における本種の漁獲量は農林水産省統計部による漁業養殖業統計年報（以下，農林統計）から推定できる．現在の農林統計は1952年までさかのぼることができる．しかしこれらの統計では本種は単独で集計されていない．すなわち本種の大型魚は「まぐろ」として他のミナミマグロや大西洋のクロマグロと，小型魚は「その他まぐろ類」としてキハダ幼魚やコシナガなどの小型のマグロ類と混同して集計されている．そこでミナミマグロや大西洋のクロマグロも漁獲している沖合，遠洋延縄漁業については，漁獲成績報告書により本種の

*1 （独）水産総合研究センター遠洋水産研究所

漁獲量を分離することによって，また，小型魚を対象とする沿岸漁業による漁
獲量は1992年からの代表的な水揚地において，キハダ幼魚やコシナガなど
「その他まぐろ類」に計上される漁獲物に占める本種の漁獲割合を推定するこ
とによって，農林統計における「その他まぐろ類」から本種の漁獲量を分離し
た．さらに本種は米国，メキシコ，台湾，韓国などでも漁獲されている．これ
らの漁獲量はISC（北太平洋におけるまぐろ類及びまぐろ類似種に関する科学
委員会）により取りまとめられている．図3・1に1952年以降の太平洋におけ
るクロマグロ漁獲量の経年変化を示す．

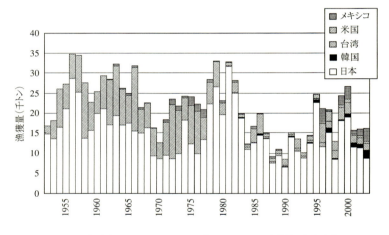

図3・1　太平洋における1952～2003年のクロマグロ漁獲量の経年変化

　1951年以前についても，わが国の本種漁獲量は1894年からの農商務統計表
により窺い知ることができる．ただし，この統計では「まぐろ類」としてしか
集計されていない．1912年からは沖合漁業（5トン以上の船舶によるもの）と
沿岸漁業別に集計されるようになり，1924年からは沖合漁業は漁法別に集計
されるようになった．沖合漁業によるマグロ類の漁獲が見られるのは1915年
以降であることから，沿岸・沖合漁業別に集計されていない1911年までの
「まぐろ類」の漁獲量も沿岸漁業によるものとみなせる．本種はマグロ類の中
で最も沿岸性が強いので，1894～1911年の「まぐろ類」，それ以降1940年ま
での沿岸漁業による「まぐろ類」の漁獲量のほとんどは本種のものと考えられ

るが，これらの「まぐろ類」から本種を分離する情報はない．1941〜1951年は再び漁業種類が込みとなった「まぐろ類」の漁獲量が集計されている．これは太平洋戦争による混乱によるものと思われ，この頃，沖合漁業は縮小したと考えられることから，この期間の「まぐろ類」漁獲量の多くは沿岸漁獲量によるものと推測される．実際，1941，1942年の「まぐろ類」漁獲量はその直前の沿岸漁業による「まぐろ類」漁獲量と同程度である．終戦の1945年以降は沖合漁業も回復したと思われるので，そのうち沿岸漁業によるものは半分程度であろうと思われる．このようにして推測したわが国沿岸漁業による「まぐろ類」漁獲量の経年変化を図3・2に示した．この漁獲量には「かつお類」は含まれていないが，ビンナガなど他のマグロ類も含まれているので本種のものとするにはやや過大であろう．またここには台湾などの外地を拠点とした漁獲量や1944〜1971年の沖縄県の漁獲量は含まれていない．ちなみに台湾を根拠としたクロマグロの漁獲量は1936年には1,100トン，1938年は1,700トンとこの頃の沿岸漁業による「まぐろ類」漁獲量の5％程度と小さい．さらに米国には1918年から本種の漁獲量が記録されており，図3・2にはこれらの漁獲量は加えた．これらを太平洋におけるクロマグロ漁獲量とするには精度は低いかもしれないが，長期変動を論議するのには大きな問題がないと考えられる．

　宇田[3]によれば，1930〜1940年に日本各地で本種の豊漁が認められたとされ，図3・2に示された同時期の漁獲の増大と一致する．さらに宇田[3, 4]は，そ

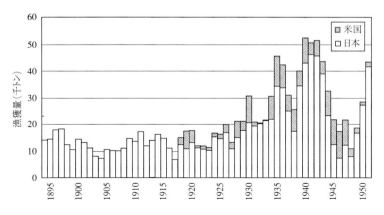

図3・2　太平洋における1894〜1951年のクロマグロ漁獲量の経年変化

の後，クロマグロの漁況は急に衰微したが，1949，50年くらいから小型魚が姿を見せ始め，体重の増大とともに数量も全国的に増大し，1952，53年ごろから急角度の活況を呈したと述べており，統計の種類が変わる図3・1と図3・2のつながりの時期の漁獲推移と一致する．これらのことは，図3・2による漁獲量の推移も本種漁獲量の推移を十分に反映したものであることを示す．

図3・1，3・2から，太平洋の東西において戦前より少なからぬ漁獲量が認められ，1940年ごろから約20年周期の漁獲量変動が観察された．

2）古文書などの記録による漁況の長期変動

宇田[3]，伊東[5]はわが国の古文書などから，さらにさかのぼり主に定置網による漁況に基づいてクロマグロの長期的な豊凶を推測している．それによれば，本種は豊凶を繰り返し，1600年代終わり，1800年代初め，1900年代初めに漁況がよかったことを示している（図3・3）．

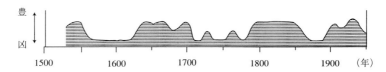

図3・3　古文書などから推測された1500年代からのクロマグロの長期的豊凶（伊東[5]より改変）

一方，地中海における300年以上の長期にわたる定置網漁獲量の変動を解析した結果，地中海，北西大西洋のクロマグロ資源量も1635，1760，1880年をピークに100〜120年周期で資源が変動してきたことが示唆されている[6]．

以上のことから，クロマグロ資源は，大西洋種でも太平洋種でも少なくともここ数百年にわたり長期変動をしていたようである．この変動は漁獲努力量が比較的小さい定置網漁況に基づくものであり，漁獲に起因するものというより，自然変動に起因するものと考えられる．

Ravier and Fromentin[7]はクロマグロ大西洋種について定置網漁況に現れる長期変動は水温と負の相関関係にあることを示し，水温環境の変化がクロマグロの回遊経路に変化をもたらしたと考察している．このことは，回遊経路の変化が定置網漁業の漁況に大きく影響することを示唆し，その豊凶は見かけの資源変動と見間違う危険性のあることを指摘している．

1・2　資源量の変動

　漁獲量の推移に含まれる漁業の影響を取り除くために，チューニングVPA（Takeuchi ら[*2]）により資源量を推定した．用いた漁獲データは1952年7月から2003年6月までの外国での漁獲も含めた年齢別漁獲尾数である．本種の主産卵期は4〜6月なので，7月から翌年6月までを漁期とする漁期年を用いた．すなわち解析期間は1952から2002漁期年である．チューニング指数には，曳き縄漁業データからの0歳魚の資源量指数，東部太平洋のまき網漁業データからの1〜2歳魚の資源量指数および日本の延縄漁業データからの5歳魚以上の資源量指数を用いた．親魚は4歳魚の2割と5歳魚以上のすべてとした．

　F-ratio（ここでは9歳魚の漁獲係数に対するプラスグループの漁獲係数の比）の設定方法や最終年の*F*の推定方法の違いにより，さまざまな資源量推定結果が得られた．また用いたチューニング指数，自然死亡係数に対する感度テストを実施した．その結果，資源量推定値はこれらの入力値よりも年齢別漁獲尾数の値に大きく依存していることが推測された．しかしながら年齢別漁獲尾数を推定するための漁獲量統計，サイズ統計が十分に整備されているとはいえない．

　そこで今回のVPA解析結果から資源状態を考えるにあたっては，これらの不確実性や問題点を考慮して，以下のように一般的な傾向や大まかな結論にとどめておくことが適当と考えられる．

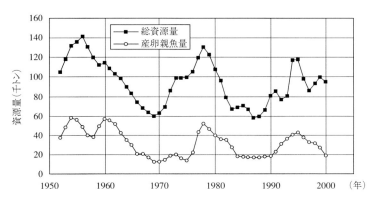

図3・4　VPAから推測された1952漁期年以降の総資源量および産卵親魚量の経年変化．最終年の*F*は0，1，2，6，9歳で推定し，また*F*-ratio は解析年すべてにおいて1として計算した結果

[*2]　Y. Takeuchi, K. Uosaki and H. Shono: Stock assessment of the North Pacific albacore, Document for North Pacific Albacore Workshop/99/09, 1999, 22pp.

1）総資源量は，過去50年間に，6～14万トンの間を増減している（図3・4）．親魚量も総資源量と同様の傾向を示し，1.2～5.8万トンの間を増減している．両資源量とも1980年代後半の最低資源量から回復しており，現在の資源水準は1952年以降では中位と判断される．親魚量は1990年代の高い加入量にもかかわらず，1995年から再び減少している．また近年3年間の漁獲量も減少していることからも，資源量は減少しつつあると考えられる．

2）加入量（0歳魚）は年変動が大きく（図3・5），明瞭な親仔関係は認められない（図3・6）．過去50年間に観察された親仔関係にはBeverton-Holt型や

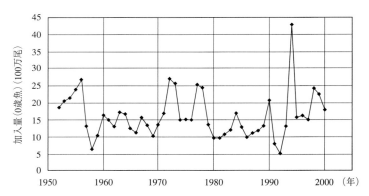

図3・5　VPAから推測された1952漁期年以降の加入量（0歳魚）の経年変化
（推定条件は図3・4と同じ）

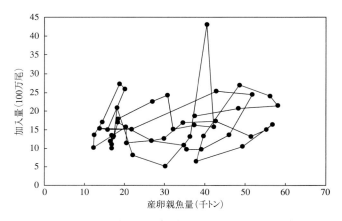

図3・6　親仔関係（実線は経年的なつながりを示す）

Ricker 型の親仔関係よりも平均値一定の関係がもっとも当てはまりがよかった．一方，高い加入量が得られるとその数年後に親魚量の増加が観察されることが多く，資源量は加入量の増減に依存しているといえる．宇田[3]も本種の大型魚の大漁はまず小型魚の豊漁から始まると述べている．

1・3　漁獲の影響

　年齢群別漁獲係数の推移を見ると（図3・7），1990年以降，全体的に漁獲係数は増大するが，まず若齢群に対する漁獲係数が特に大きく増大し，その後，1998年以降，高齢魚に対する漁獲係数が高くなっていることが観察された．近年では豊度が最も大きいと思われる1994年級群は，0，1歳魚のうちから，それまでよりも高い漁獲圧で漁獲したために，親魚になるものが少なく，この年級群は資源増加に寄与できなかったと推測された．さらに1998年以降の8歳以上の高齢魚に対する漁獲圧の増大も，1995年以降の親魚量減少の原因と考えられる．すなわち，加入量だけでなく近年は漁獲も資源変動要因として無視できなくなっているといえる．

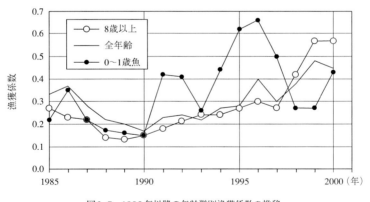

図3・7　1985年以降の年齢群別漁獲係数の推移

§2.　加入量変動とその要因

2・1　親仔関係

　VPA結果からは明瞭な親仔関係が認められなった（図3・6）．しかし西村ら[8]は対馬周辺で曳き縄に漁獲されるクロマグロ幼魚の漁獲量が，海洋環境や四国

沖で漁獲加入する孵化後3ヶ月くらいの幼魚の漁獲量だけでなく，山陰沖で漁獲されるその年のクロマグロ親魚の漁獲量ともある程度の相関があることを見出した．山陰沖で漁獲される本種は成熟した産卵親魚であることが知られている（田中，未発表）．地域は限られるが，対馬周辺における幼魚の漁獲量が日本海の産卵親魚の漁獲量と相関が示されたことはある程度の親仔関係があるということを示唆し，このことはもし漁獲物を日本海発生群と太平洋発生群に分けることができれば，今よりも明瞭な親仔関係が現れる可能性のあることを示唆する．

2・2　加入量変動と環境要因

VPA解析結果によれば，加入量の年変動は大きく，一定あるいは周期的な増減傾向は認められない．しかし，過去50年間に数回の卓越年級群が発生していることが示された（図3・5）．

Tsuji and Itoh[9]は，VPA解析結果のほか，仔稚魚分布調査結果，漁獲状況なども考慮し，孵化後3ヶ月くらいして九州，四国沿岸に漁獲加入するまでに年級群の大きさがほぼ決まり，孵化後7，8ヶ月して，日本沿岸に広く漁場加入した後は環境により減耗率が左右されることは小さいと推測している．魚類では一般に生活史初期に激しい減耗が生じることが知られており，特に最近の飼育試験により本種の仔魚期における特異的に速い成長を維持するための餌料特性が明らかになってきた．魚谷ら[10]は本種仔魚期において成長段階に応じて餌がより大きなものへと変化していることを明らかにしており，各成長段階の移行時に適切な餌に遭遇するかどうかが初期生残に大きく係わっている可能性がある．クロマグロではないが，木村ら[11]は同属のキハダ仔魚を用いた飼育実験下で適度な乱流は餌との遭遇機会を増やし，初期生残に寄与していると述べている．岡崎（未発表）は台湾東方の産卵場における台風の滞在時間と加入量との間に，負の相関関係があることを見出し，台風が多く通過，滞在するほどその年の加入量が低くなる傾向があることを示した．天然海域における餌との遭遇機会は極めて変動しやすいことが予想され，このことは年級群の大きな年変動を起こす要因の1つと考えられる．

稲掛・植原[12]は産卵場において4月までの低温，5，6月の高温が高い加入量を発生させていることを示し，冬季の低温は表層混合層を発達させ下層から

の栄養塩の供給を盛んにし，仔稚魚生育時の高温は生残を高めると推察している．また冬季における親魚の分布域である黒潮続流域の水温が高いと引き続く春に発生する加入量の高いことを示している．親魚の栄養状態が卵の受精率，孵化率に影響することが知られており，高い水温が親魚の栄養状態をよくするような好適な餌環境を作り出している可能性も考えられ興味深い．

　また毎年の加入量変動だけでなく，長期変動の視点からの解析もいくつかある．植原ら（未発表）は加入量の長期変動にも太平洋における水温場の長期変動（PDO）と同様に10年周期の変動があることを見出し，大規模な環境変動との関連性を指摘している．稲掛・植原[12]は加入量の高い水準と低い水準の変わり目に北太平洋北部海域の気候変動およびエルニーニョ・ラニーニャなどのイベントが一致することを示した．

　いずれにしても，加入量変動に及ぼす環境要因については，まだ可能性や相関関係が論じられている段階である．

§3. 資源管理方策の考え方

3・1　管理基準

　マグロ類の国際管理機関では多くの場合MSYを管理目標としている．しかし本資源のように環境変動などにより長期的な資源変動をする場合，観察期間を通して一定のMSYを管理目標にするのは危険である．資源水準に応じた管理目標を設定することが必要である．

　一方，クロマグロは，成長に応じて曳き縄，定置網，まき網，延縄漁業など様々な漁法で漁獲されており，沖合漁業者のみならず，小規模な沿岸漁業者にとっても，本種は重要な漁業資源となっている．一般的な資源回復策の1つである小型魚の保護は，これらを対象とする曳き縄，定置網漁業者にとっては影響が大きく合意が得にくい．またわが国以外でも台湾，メキシコ，米国，韓国などの漁業者も本資源を利用しており，これら関係漁業者が合意できる管理基準を策定するには相当な困難が予想される．資源崩壊を防ぐ最低限の規制がまず必要である．

3・2　限界基準値 B_{loss} による管理

　現在の決して精度が高いとはいえない入力データに基づくVPA解析結果を

考慮すると，現段階では資源量や漁獲係数の絶対値による管理方策はとりづらいと考える．しかしながら最低親魚量の確保という観点から過去にこの水準からも資源は回復したという経験則がベースとなる最低親魚量水準 B_{loss}（the Lowest Observed Spawning Stock）を設定し，それを考慮した管理を実施することが最低限必要であろう．本資源の B_{loss} としては，1980年代後半の資源水準がこれに相当する．親仔関係が不明瞭とはいうもののこれまでの加入変動も，この B_{loss} より上の資源水準で起こってきたことであり，この水準以下での加入についてはいかなる予測ももち得ない．したがって，現段階ではこの水準を限界基準値としてこれ以下に資源を落とさないように資源を監視しつづけることが重要である．資源量推定値は毎年のデータ改善，モデルの改善によって大きく変化するが，B_{loss} はこれまでの資源評価作業において常に1960年代後半あるいは1980年代後半に認められ，頑健性が強い．

3・3　漁獲係数一定方策

　漁業形態に今後大きな変化がないことを前提に今後も B_{loss} を下回らないかどうか予測することはある程度可能である．また本種のように予測不可能な加入量により資源量が大きく変動する場合に，この限界基準値を基にした実際の管理手法としては，漁獲量一定方策よりも漁獲係数一定方策のほうが資源変動の振れが小さくなり安全である．また多くの場合，本種は資源豊度に応じて漁獲されるという，実際の漁業形態にも一致する．

　図3・8に漁獲係数一定方策による2000年以降の将来予測を示した．ここでは毎年の加入量として過去における平均値に対数正規分布の誤差を与え，1997～1999年の平均漁獲係数で漁獲しつづけることを仮定した．この結果では，2010年まで80％信頼区間の精度で，親魚量は B_{loss} を下回らないと予測された．しかしながら，1998年以降，大型魚に対する漁獲係数が増大傾向にあることや（図3・7），2000年以降メキシコなどでの蓄養漁業のための原魚に対する漁獲量が急速に増大していることを考慮すると，2000年以降の漁獲係数はここでの前提条件である1997～1999年のものより高くなっていると思われ，資源の減少はこの予測より速くなっている可能性が高い．

　資源が B_{loss} に極めて近い水準に近づいた時には，別途，禁漁などの方策も用意しておく必要があろう．

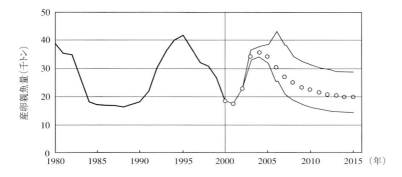

図3・8　VPA結果に基づく漁獲係数一定方策（1997〜1999年の平均漁獲係数）による
2000年以降の産卵親魚量の将来予測．白丸は平均値，細線は80％信頼区間を示す．

3・4　曳き縄漁業データを用いた加入量モニタリング

　この限界基準値B_{loss}を基にした実際の管理手法としては，将来資源量の最も大きい変動要因である加入量を把握もしくは予測し，その加入量から将来B_{loss}を下回らないような管理方策を検討することとなる．本資源は孵化後半年もすると曳き縄漁業に加入し始める．明瞭な親仔関係も認められず，産卵場が北西太平洋に広くひろがる本資源では加入前にそれを予測あるいは把握することは極めて困難である．一方，曳き縄漁業はわが国沿岸で広く0歳魚を漁獲しており，この漁業情報を用いて毎年の加入量を推定することはある程度可能と考えられる．しかし現状では自由漁業である曳き縄漁業のデータ収集には時間がかかるため，ある年の加入量を推定するのに1，2年かかる．本資源の利用はその8割が2歳までであることを考慮するとこの時間遅れは致命的である．年級群の大きさが把握できたときにはその年級群はほとんど漁獲された後ということになる．一定の信頼性をもった加入量水準を得るためには自由な操業を認める必要がある．このようにして得た曳き縄漁業情報を用いてそれ以外の漁業を管理することは国内的にも国際的にも抵抗があろう．しかし曳き縄漁業は，それによる漁獲割合もそれほど大きくないことを考慮すれば，現状の操業を維持し，加入量水準について有益な情報を確保することは必要と考える．他方，現状の操業を許す代償措置として加入量水準の把握のための迅速な曳き縄漁業データ収集システムの構築が望まれる．また速やかな規制導入のためには，予め

加入量水準に応じての管理方策について合意しておく必要もあろう.

　本資源は0歳魚から年齢とともに曳き縄，定置網，まき網，延縄の順で利用される．加入量に基づく漁法別の漁獲量配分は，資源学的な考察によってのみ決定されるものではなく，社会経済的要素も考慮されるべきものである．資源学的には若齢魚の漁獲を押さえ，成魚を漁獲した方が生産量の増大が見込まれる．費用対収入効率は定置網，延縄が高いと試算されるが，加入資源を最初に利用する曳き縄漁業については従事者数，地域を考慮した場合の社会，文化的な影響も考慮する必要がある.

文　献

1) P. J. Smith, L. Griggs, and S. Chow: DNA identification of Pacific bluefin tuna (*Thunnus orientalis*) in the New Zealand fishery, *NZ J. Mar. Fresh. Res.*, **35**, 843-850 (2001).

2) B. B. Collette: Mackerels, molecules, and morphology,"Proc. 5th Indo-Pacific Fish. Conf." (eds. by B. Seret and J. -Y. Sire), Soc. Fr. Ichthyol., 1999, pp. 149-164.

3) 宇田道隆：海洋漁場学，恒星社厚生閣，1960，pp.209-213.

4) 宇田道隆：クロマグロの回帰，定置，**13**，53-56 (1957).

5) 伊東祐方：日本周辺におけるマイワシの漁業生物学的研究，日水研報，**9**，1-227 (1961).

6) C. Ravier and J.-M. Fromentin : Long-term fluctuations in the eastern Atlantic and Mediterranean bluefin tuna population, *ICES J. Mar. Sci.*, **58**, 1299-1317 (2001).

7) C. Ravier and J.-M. Fromentin: Are the long-term fluctuations in Atlantic bluefin tuna (*Thunnus thynnus*) population related to environmental changes?, *Fish. Oceanogr.*, **13**, 145-160 (2004).

8) 西村大介・山本憲一・高木信夫：対馬海区におけるクロマグロ幼魚漁獲量予測手法の検討，長崎水試研報，**29**，1-8 (2003).

9) S. Tsuji and T. Itoh: Ecology and recruitment fluctuation of northern bluefin tuna, "Proceedings of Japan-China Joint Sympojium on CSSSCS" (eds. by T.Asai *et al.*), Seikai National Fisheries Research Institute, Nagasaki, 1998, pp. 321-330.

10) 魚谷逸郎・斎藤　勉・平沼勝男・西川康夫：北西大西洋クロマグロ*Thunnus thynnus* 仔魚の食性，日水誌，**56**，713-717 (1990).

11) 木村伸吾・中田英昭・D. Marulies・J.M. Suter・S.L. Hunt：海洋乱流がキハダマグロ仔魚の生残に与える影響，日水誌，**70**，175-178 (2004).

12) 稲掛伝三・植原量行：まぐろ類の資源変動と大気／海洋変動，月刊海洋，**35**，180-195 (2003).

Ⅱ. 管理モデル

4. 魚種交替資源に対する多魚種管理方策

勝 川 俊 雄*

　マイワシ（*Sardinops melanostictus*）やマサバ（*Scomber japonicus*）などの小型浮魚類は，物理環境のレジームシフトと同期して卓越種が交替する．この現象を魚種交替と呼ぶ．魚種交替をする資源には，①大変動をする，②予測が困難，③強い種間関係，という特徴がある．実際の資源管理では，これらの特徴は考慮されていない．①定常状態を仮定したMSY（最大持続漁獲量）を目的に，②定量的な予測モデルに依存して，③それぞれの種のTACを独立に決定しているのが一般的である．魚種交替資源を有効利用するためには，現在の定常状態を仮定した単一種管理を捨てて，非定常な多魚種系を有効利用するための方策を新たに開発する必要がある．本章では，順応的な多魚種管理方策であるスイッチング漁獲で，魚種交替資源を管理した場合の効果をシミュレーションで検証した．

§1. 魚種交替資源の特徴

　マイワシやマサバなどの多獲性浮魚資源は数十年周期で交互に増減を繰り返すことが知られており，この現象は「魚種交替」と呼ばれている（図4・1）．たとえば，日本近海のマサバは1960年代に増加し，1980年代に減少した．一方，マイワシは1970年代に増加し，1990年代に減少した．そしてマイワシの減少の後はカタクチイワシ（*Engraulis japonicus*）が増加している．魚種交替は，特定の年に産まれた個体（年級群）が爆発的に増加することによって引き起こされる．急増した年級群を卓越年級群という．ある年に生まれた年級が，卓越となるかどうかは，卵から稚魚までの比較的早い時期に決定する．この初期減耗のプロセスを理解することが水産資源の動態を理解する上で重要な課題である．

* 東京大学海洋研究所

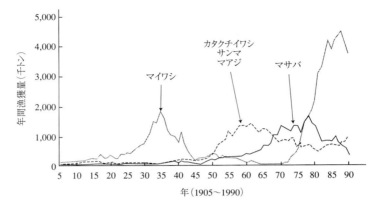

図4·1　日本の魚種交替資源の漁獲量[1]. カタクチイワシ, サンマ, マアジは3魚種
の合計を示す

　現在, 実施されている水産資源管理の多くは, MSY (Maximum Sustainable
Yield 最大持続漁獲量) 理論に基づいている. 国連海洋法条約にも, 「沿岸国
及び権限のある国際機関は, MSY を実現することのできる水準に漁獲される
種の資源量を維持すること」と明記されている. MSY 理論は, 漁獲率が一定
であれば資源量も一定値に収束することを前提とし, 漁獲と再生産が釣り合っ
た平衡状態での漁獲量の最大化を目指す. 対象生物の動態を定量的なモデルで
表現してシミュレーションで MSY を求めるのが一般的である. 魚種交替をす
る小型浮魚類では MSY に基づく資源管理の適用を難しくする条件がそろって
いる.
　条件1) 漁獲が無くても大変動をする
　Holmgren-Urba and Baumgartner [2] は, カリフォルニア湾の堆積物から,
北米カタクチイワシとカリフォルニアマイワシの鱗を集めて, これらの2種が
250 年にわたり強い負の相関を示しながら変動していたことを明らかにした.
人為的な影響が軽微であった時代から起こっていた魚種交替は, 自然現象であ
ると考えられている. 漁獲がなくても周期的に大増減を繰り返す魚種交替資源
を平衡状態を前提とした MSY 理論で管理するのは困難である.
　条件2) 予測が難しい
　魚種交替のタイミングが地球規模で同調していることから[3], 魚種交替は物

理環境レジームシフトと強く関連していると考えられている．現状では物理環境のレジームシフトがいつ起こるかを予測できないので，魚種交替のタイミングは予測できない．仮に，物理環境のレジームシフトが予測できたとしても，卓越年級群が発生するプロセスが解明されない限り，生態系の応答を予測することはできない．現在の知見では，「いつ，次の魚種交替が起こるのか」，「次にどの魚種が増えるのか」，「卓越種がどのくらい増えるか」といった基本的な事項すら予測できない．長期的な展望に立てば，魚類の個体群動態を決定する初期減耗のプロセスを研究することは重要である．ただし，魚種交替は数十年スケールの現象であり，この研究にも数十年スケールで時間がかかる．少なくとも今後数十年は，予測ができないことを前提に魚種交替資源を管理しなくてはならない．

条件3）複数の種が相関をもって変動する

複数の魚種の資源量が負の相関を示すことから，魚種交替資源の間になんらかの種間競争が示唆される[1]．単一種のみに着目しても，魚種交替資源の動態の本質はつかめない．魚種交替資源を有効利用するためには，環境により異なった変動を行う複数の種あるいは種間関係がつよい複数の種を包括する多資源管理方策が必要である．

§2. 不確実性を前提とした管理方策

小型浮魚類の管理では，不確実性を前提条件ととらえて，不確実性とどのように付き合うかという視点が必要になる．われわれの知見は不完全であるという現実を受け入れた上で，現実に得られる情報で何ができるか考えなくてはならない．近年，不確実な情報に基づき資源を持続的に利用する方策として予防的措置（Precautionary approach）と順応的管理（Adaptive management）が注目されている．

2・1　予防的措置

「不確実性に応じて，適当に控えめに獲る」という考え方である．不確実性が大きければ，それだけ保守的に利用することになる．漁獲量をどのくらい控えめにするかを決めるには，不確実性の大きさを知る必要がある．しかし，不確実性の実態をつかむのはまず不可能なので，どの程度保守的にするかのさじ

加減は恣意的に決められているのが現状である．水産学分野では1960年頃から最良推定値に10％程度の安全係数を見込んできたが，10％という数字に根拠はない[4]．不確実性の大きさがわからない現状では，予防的措置の効果は限定的であろう．

2・2　順応的管理

　順応的管理とは，われわれの将来予測が多かれ少なかれ外れることを前提に，常に生物の状態をモニターして，その変化に柔軟に対応していく方策である．生物資源を利用する過程で効率的にデータを集めて，その結果を素早く政策に反映させていくことが要求される．日本の環境政策でも，順応的管理がクローズアップされている．たとえば，新・生物多様性国家戦略や「21世紀『環（わ）の国』づくり会議」報告でも，順応的管理がキーワードとなっている．

　順応的管理は現在では野生生物管理の多くの分野で利用されているが，もともと水産資源学から派生した概念である．古典的な水産資源管理は，正確な情報および資源の定常状態（漁獲圧が安定ならば資源量も一定の値に収束する）を仮定していた．このような資源管理は破綻し，水産資源研究者は不確実性への対応に頭を悩ませてきた．そのような状況下で，1976年に順応的管理（Adaptive management）という言葉を使った最初の論文[5]が発表された．Walters and Hilborn[5]は，現在のデータが不確実であることを認めた上で，漁業を活用して情報を収集し，時間の経過とともに不確実性を減らしていく新しいアイデアを順応的学習と名付けた．引用論文の多くは制御工学系の論文であることからも，この論文のアイデアが水産分野にとって新奇であったことがわかる．

1）順応的学習

　大規模な生態系は，繰り返し実験を行うことができない．そこで，管理を実験としてとらえて，管理によって得た情報を活用し，よりよい管理を実現していく必要がある．これを順応的学習と呼ぶ．順応的学習の基本理念は為すことによって学ぶ（Learning by doing）である．Walters[6]は，順応的学習を2種類に分類し，従来通りの漁業活動を行いつつ受動的に情報を蓄積させることを受動的学習，情報を集めるための漁業を行い能動的に情報を収集することを能動的学習と名付けた．Walters and Hilborn[5]は，再生産曲線が正確に推定できない場合に，漁獲を通してデータを集めて不確実性を減らすことを考えた．

「最初に全ての労力を投下して正しい動態を把握することが長期的には最適となるだろう」と能動的学習の重要性が強調されている.

2) フィードバック制御

田中[7] およびTanaka[8] は制御工学分野で発展したフィードバック制御の考え方を資源管理に導入した. フィードバック制御の概念は, しばしばエアコンに例えられる. エアコンで部屋の温度を28℃に保つことを考えてみよう. エアコンは部屋の温度が暑すぎれば冷やすし, 涼しすぎれば暖める. エアコンが室温を保つために必要な情報は部屋の温度と目標温度の差のみである. 部屋の広さや, 部屋に何人いるかなどはわからなくても, 温度を一定に保つことができる. 資源管理の場合は, 最初に資源量やCPUE の目標を決定し, 次に資源の現状を観測して目標に向かっていくように漁業を規制すればよい. フィードバック制御 の一例として, Tanaka[9] は下式のような漁獲方策を提唱した.

$$Y_T = (B_T - B_{T-1}) + \frac{B_T - B_{\text{target}}}{\tau} \tag{4・1}$$

Y_T は T 年の漁獲量, B_T は T 年の資源量, B_{target} は目標資源量, τ は1以上の定数である. この場合, 資源量の目標値からのずれ（$B_T - B_{\text{target}}$）は毎年 τ 分の一になる. フィードバック制御を活用すれば, 資源動態が不明でも, 資源量さえ把握できれば資源をコントロールできる. フィードバック制御に関しては, 田中[4] に詳しい説明がある.

順応的管理の概念は図4・2のようになる. 魚種交替資源は予測精度が低いので, 変動に柔軟に対応していくフィードバック制御で管理すべきだろう. その

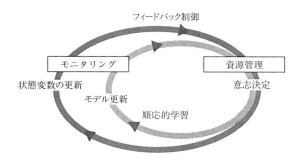

図4・2　順応的管理の概念図

ためには，モニタリング体制を強化して，資源変動を迅速に捕らえる必要がある．初期減耗が終わってから漁獲の対象となるまでの間に，年級群のおおよその大きさを把握したい．モニタリングを強化すれば，得られる情報も多くなり，順応的学習の機会が増える．

§3. スイッチング漁獲

Katsukawa and Matsuda[10] および勝川・松田[11] は，変動する多魚種資源を有効利用するための漁獲戦略としてスイッチング漁獲を提唱した．スイッチング漁獲とは，複数の漁獲対象資源の中から資源状態のよいものを選択的に獲る管理方策である．実際の漁業が単一の資源に依存している場合は希であり，多くの漁業者は複数の資源の中から収入の期待値が高い資源を選択的に利用している．漁業者が日常的に行っている漁獲ターゲットの切り替えを管理に応用しようというアイデアである．スイッチング漁獲は，その時々の資源状態に応じて漁獲努力量の配分を変更するフィードバック管理である．後出しジャンケンの要領で魚種交替に事後的に対応するので，将来予測を必要としない．スイッチング漁獲によって，高水準の資源に努力量を集中させた結果として，低水準資源を保護できる．

3・1 モデル

数理モデルを用いたコンピュータ・シミュレーションにより，魚種交替資源へのスイッチング漁獲の効果を検証した．交互に卓越する3種系を考える．単純化のため，3種に共通の生活史パラメータを用いた．成熟年齢は3歳，6歳以上はプラスグループとした．

$$C_{i,a,y} = B_{i,a,y} \left(1 - \exp\left[-q_a X f_{i,y} \right] \right) \tag{4·2}$$

$$\begin{aligned} B_{i,a+1,y+1} &= \frac{W_{a+1}}{W_a} \left(B_{i,a,y} - C_{i,a,y} \right) e^{-M} \\ &= \frac{W_{a+1}}{W_a} B_{i,a,y} \exp\left[-q_a f_{i,y} X - M \right] \end{aligned} \qquad 1 \leq a \leq 5 \tag{4·3}$$

$$B_{i,6+,y+1} = \frac{W_{6+}}{W_5} \left(B_{i,5,y} - C_{i,5,y} \right) e^{-M} + \left(B_{i,6+,y} - C_{i,6+,y} \right) e^{-M} \tag{4·4}$$

$$S_{i,y} = \sum_{a=3}^{6+} \left[B_{i,a y} - C_{i,a y} \right],$$ (4·5)

パラメータの値は和田ら[12]がマサバについて推定した値を用いた（表4·1）.

　魚種交替を引き起こすメカニズムは不明である. 魚種交替のメカニズムとしては, 外部の環境によって引き起こされるという仮説と, 魚種交替する種の間の競争によって引き起こされるという仮説がある. 本研究ではそれぞれの仮説

表4·1　生活史パラメータ[12]

記号	パラメータ	単位	値
$B_{i,a,y}$	y 年の種 i の a 歳魚のバイオマス	MT	
$C_{i,a,y}$	y 年の種 i の a 歳魚の漁獲量	MT	
S	産卵親魚バイオマス	MT	
W_a	a 歳魚の体重	g	252,434,610,672,811,912
M	自然死亡係数	$year^{-1}$	0.4
α	リッカー型再生産曲線の定数	—	6.10
β	リッカー型再生産曲線の定数	—	1.24×10^{-7}
T	魚種交替の周期	year	30
fl	魚種交替の振幅	—	3
c	種間競争の強さ	—	4
X	合計努力量	—	$0 \sim 4$
f_i	努力量が種 i に配分される割合	—	
q_a	a 歳魚の漁具選択性	—	0.25, 0.44, 0.62, 0.79, 1, 1
n	スイッチング強度	—	

 資源1

 資源2

資源3

環境変動モデル　　　　　　　　　　　種間変動モデル

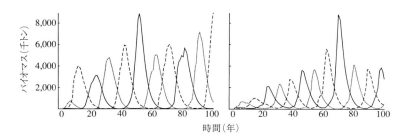

図4·3　漁獲がない場合の資源変動

に対応する2種類の再生産モデルを構築した．環境変動モデルは，外部要因によって，時間の経過とともに自動的に魚種交替が起こる．魚種交替が起こる周期は10年とした．種間競争モデルは3つの資源がそれぞれジャンケンのグー・チョキ・パーのような関係になっており，種間関係によって魚種交替が起こるモデル．これらのモデルによって，図4・3のように魚種交替を再現することができる．

3・2　漁獲戦略

魚種交替をする仮想資源に対し，以下の3つの戦略を比較した．

戦略①　均等に漁船を配分（漁獲率一定方策）

$$f_i = \frac{1}{3} \tag{4・6}$$

戦略②　資源量に比例して漁船を配分（スイッチング漁獲）

$$f_i = \frac{B_i}{B_1 + B_2 + B_3} \tag{4・7}$$

戦略③　資源量が最低なものを禁漁として，それ以外の2つの資源に漁船を均等に配分（ノンパラメトリックースイッチング）

$$f_i = 0 \quad （種 i の資源量が最低の場合） \tag{4・8}$$

$$f_i = \frac{1}{2} \quad （それ以外） \tag{4・9}$$

戦略①は，それぞれの資源を独立に一定の漁獲率で利用する方策であり，スイッチング漁獲との比較のために計算した．戦略②は，資源量に比例して努力量が配分されるスイッチング漁獲で，Tansky型のスイッチング関数[13] のスイッチング強度が1の場合に相当する．戦略③は，資源量の絶対値ではなく，順位を用いる簡易的なスイッチング漁獲である．資源量が大きく変動する魚種交替資源の場合，資源量の絶対値の把握は困難だが，どの資源が多くどの資源が少ないかという順位付けは容易である．戦略③は現在の情報で確実に実施できる方策である．

　仮想資源を上記の3つの戦略で漁獲をした例を図4・4に示した．再生産は環境変動モデルを利用した．図4・4では，すべての試行に同じ加入変動の時系列 $\varepsilon_{i, y}$ を用いた．戦略①では，資源状態にかかわらず常に一定の割合が漁獲され

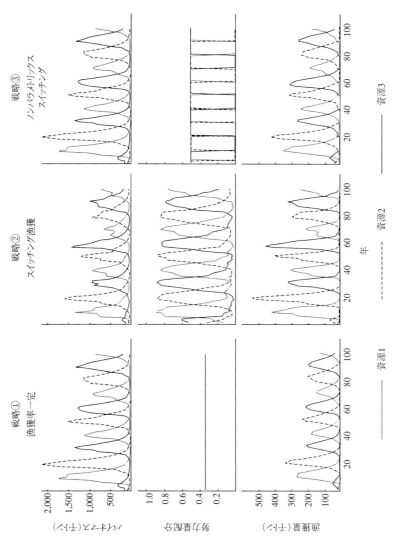

図 4・4　シミュレーションの結果の一例

るので，漁獲量は資源量に比例する．戦略②では，その時に高水準な資源が集中的に漁獲されるので，種間のバイオマスの差は縮小され，漁獲物の組成は高水準資源に大きく偏る．戦略③（ノンパラメトリック-スイッチング）の場合は，バイオマスと漁獲量は努力量一定とスイッチングの中間的なトレンドを示した．バイオマスが最も低い資源は禁漁となるので，漁獲は2種から構成されるのが特徴である．

3・3　シミュレーション

漁獲戦略によって最適努力量が異なるので，総努力量を0〜2の範囲で0.1刻みで変化させた．2種類の加入変動パターンに対してそれぞれ100年のシミュレーションを100回繰り返した．初期資源量の影響を取り除くために100年のシミュレーションの後半50年の漁獲量と最低産卵親魚バイオマス（SSB）を比較した．

3・4　結　果

図4・5にシミュレーションの結果を示した．環境変動モデル・種間競争モデルともに，すべての努力量水準においてスイッチング漁獲（戦略②，③）が漁獲率一定方策（戦略①）を漁獲量でも最低資源量でも上回った．戦略①の漁獲

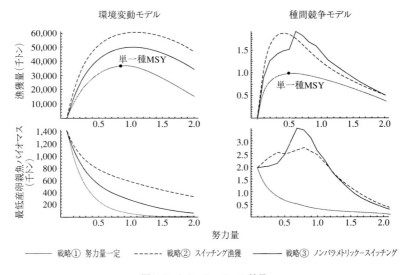

図4・5　シミュレーション結果

量の最大値が，従来の資源管理の究極目標である単一種MSYに相当する．スイッチング漁獲は幅広い努力量水準で，単一種MSYを上回る漁獲量を実現した．表4・2に漁獲量を最大にする努力量，および，その努力量のもとでの漁獲量・最

表4・2　シミュレーションの結果

		戦略①	戦略②	戦略③
環境変動	最適努力量	0.9	1.1	1.0
	漁獲量（10^7MT）	3.7	6.1	5.0
	最低産卵親魚バイオマス（10^4MT）	7.3	54.6	27.0
種間競争	最適努力量	0.5	0.4	0.7
	漁獲量（10^7MT）	1.0	1.9	1.9
	最低産卵親魚バイオマス（10^5MT）	5.7	25.0	35.0

低産卵親魚バイオマス（SSB）を示した．スイッチング漁獲は，低水準資源を保護するために，最低SSBを高めに維持できた．そのため，増加期に入った資源が速やかに回復し，結果として漁獲量が増大した．スイッチング漁獲（戦略②，③）は，単一種MSY（戦略①の漁獲量の最大値）の倍近い漁獲を得ることができた．また，魚種交替資源では，常に状態がよい資源が存在するので，スイッチング漁獲によって合計漁獲量が安定した．再生産モデルによって，スイッチング漁獲をした場合の資源動態に若干の変化があった．種間競争モデルの方がスイッチングの効果が顕著であった．また，環境変動モデルでは戦略②が，種間競争モデルでは戦略③が漁獲量と最低SSBを最大にした．

　マイワシやマサバなどの主要な水産資源の基本的な特徴である変動性を考慮した新しい管理方策の開発は，日本のTAC制度にとって重要な課題である．本研究は，資源の変動性を明示的に考慮した資源管理として，スイッチング漁獲を提唱し，スイッチング漁獲がこれらの魚種交替資源の管理に適していることを明らかにした．資源量が大きく変動する魚種交替資源の場合，資源量の推定値には多大な誤差が含まれる．しかし，どの資源が多く，どの資源が少ないかという順位付けは容易である．最も少ない資源を禁漁とする戦略③は現在の情報で適用可能であり，高い管理効果が期待できる．

　本研究では，幅広い条件でシミュレーションを行ったが，すべてのシナリオおよび努力量においてスイッチング漁獲の方が，非スイッチング漁獲より優れていた．スペースの関係で省いたが，魚種交替の周期がランダムに変動する場合や，魚種交替をする種の生活史が異なる場合など様々なケースでシミュレー

ションを行い，ほぼ同様の結果を得ている．現実にどの程度の効果が得られる
かはわからないが，スイッチング漁獲を実際の資源管理で試してみる価値はあ
るだろう．

文　献

1 ）H. Matsuda, T. Wada, Y. Takeuchi, and Y. Matsumiya: Alternative models for species replacement of pelagic fishes, *Res. Popul. Ecol.*, **33**, 41-56（1991）.

2 ）D.Holmgren-Urba and T.R. Baumgartner: A 250-year history of pelagic fish abundances from the anaerobic sediments of the central gulf of California, *CalCOFI Rep.*, **34**, 60-68（1993）.

3 ）D. Lluch-Belda, S. Hernandez-Vazquez, D. B. Lluch-Cota, and C. A.Salinas-Zavala: The recovery of the California sardine as related to global change, *CalCOFI Rep.*, **33**, 50-59（1992）.

4 ）田中昌一：21世紀の水産資源管理（総説），日水誌，**68**，313-319（2002）.

5 ）C. J. Walters and R. Hilborn: Adaptive control of fishing systems, *J. Fish. Res. Board Can.*, **33**, 145-159（1976）.

6 ）C. J. Walters: Adaptive Management of Renewable Resources, McMillan, New York, 1986, 374pp.

7 ）田中昌一：水産生物の population dynamics と漁業資源管理，東海水研報，**28**，1-200（1960）.

8 ）S. Tanaka: A theoretical consideration on the management of a stock-fishery system by catch quota and on its dynamical properties, *Bull. Jap. Soc. Sci. Fish.*, **46**, 1477-1482（1980）.

9 ）S. Tanaka: The management of a stock-fishery system by manipulating the catch quota based on the difference between present and target stock level, *Bull. Jap. Soc. Sci. Fish.*, **48**, 1725-1729（1982）.

10）T. Katsukawa and H. Matsuda: Simulated effects of target switching on yield and sustainability of fish stocks, *Fish. Res.*, **60**, 515-525（2003）.

11）勝川俊雄・松田裕之：スイッチング漁獲－魚種交替資源に対する多魚種管理－，月刊海洋，**35**（3），133-140（2003）.

12）和田時夫・佐藤千夏子・松宮義晴：加入量あたり産卵資源量解析によるマサバ太平洋系群の資源管理，水産海洋研究会報，**60**，363-371（1996）.

13）M. Tansky: Switching effect in a prey-predator system, *J. Theor. Biol.*, **70**, 263-271（1978）.

5. 長期的な漁獲圧の調節システム

山 川 卓*

　レジームシフトに代表される資源の長期的変動を所与として持続的で効果的な資源管理を実現するためには，まず，①そのような変動に対してどのように対処すべきか，を数理的に明らかにし，次に，②そのような対処を実現するための具体的なシステムづくりを行う必要がある．①は資源の長期的変動に合わせて漁獲圧を逐次，調節する必要があるのかないのか[1]，また，あるとすればどのような調節を実施すれば目的とする効用の最大化や漁獲の安定化につなげることができるのか，を明らかにすることである．②は①で明らかにされた望ましい漁獲のあり方を具体的な制度や規範のかたちでルール化し，社会システムの中に組み込むことである．

　国連海洋法条約の批准に伴い，「海洋生物資源の保存及び管理に関する法律」（通称TAC法）が1996年に施行され，1997年1月からわが国でもTACによる管理がスタートした．これにより，わが国の漁業管理制度は大きな転換点を迎えるに至った．現行のTAC決定過程ではまず，「ABC算定のための資源管理基準と漁獲制御ルール」（http://abchan.job.affrc.go.jp/）に基づいてABCが提言される．このルールは，漁獲方策と使用する情報によって類別されており，漁獲係数Fによる漁獲方策（ABC算定規則1－1から1－3；いわゆる1系ルール，図5・1）と，漁獲量改訂による漁獲方策（ABC算定規則2－1，2－2；いわゆる2系ルール）の2グループに大別されている．1系ルールは欧米諸国や各種の国際委員会で用いられている諸ルール[2-4]と同様のものであり，資源水準が変化したときの漁業の対処の仕方（漁獲圧のかけ方）を具体的な基準をもとにルール化したものである．資源量が十分な水準にある場合は一定の漁獲係数（F_{limit}，F_{target}）に従ってABCが提言されるが，資源量がある閾値（B_{limit}）以下に減少した場合には漁獲係数を引き下げるという回復措置がとられる．資源量が非常に低い水準（B_{ban}）に至った場合は，禁漁あるいはそれに準じた措

＊ 東京大学大学院農学生命科学研究科

置が提言される．これに対して2系ルールはフィードバック管理[5]の考え方を導入したルールであり，各時点における資源水準や資源の動向に応じて，漁獲量水準が逐次的に改訂される．現行では，2系ルールは情報の少ない資源に対して適用されるものと位置づけられている．

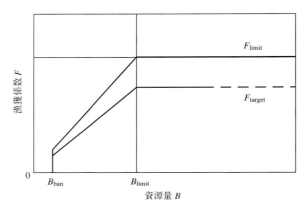

図5・1　現行の漁獲制御ルール

　しかしながら，これらのルールでは必ずしも資源の短期的変動と長期的変動への対処が明示的に区別して盛り込まれているわけではない．資源の長期的変動に対してそもそもどのように漁獲圧を調節すれば，再生産を通じた資源の潜在力を最大限に活かしながら安定的な漁業経営や消費流通に役立てることができるかについては，従来の漁獲制御ルールの構築過程において必ずしも明示的に論議されてこなかったように思われる．そこで本稿では，漁獲制御ルールの中に資源の短期的変動と長期的変動のそれぞれの視点を明示的に組み込んで論議しシステム化する方法について，考え方を示すことを目的とした．

　まず，従来の漁獲制御ルール（1系）に最適性の視点，すなわち効用関数の最大化の視点を導入して再検討を加えるとともに，再生産変動や資源評価誤差がある場合の対処について数値計算を行い，資源の短期的変動に対する対処法を論議した．そして次に，資源の長期的変動にどのように対処すべきか？　を簡単なモデルによる数値計算に基づいて論議した．最後に，資源の短期的変動と長期的変動を区別して統合的に盛り込んだ漁獲制御ルールの考え方や，フィードバック管理ルールの導出法，1系ルールと2系ルールとの対応関係につい

て論議した.

§1. 資源の短期的変動に対処する漁獲戦略

　資源への毎年の加入量が, 長期的に変化しないある一定の再生産関係に基づいて変動するとき, 平均漁獲量を最大化する方策はとり残し資源量一定方策 (Constant Escapement Strategy；CES) であることが知られている. ただしこの方策では年々の漁獲量の変動が大きく, また, 資源評価誤差が大きいと管理効果が低下するという欠点がある. これに対して, 資源量の大小にかかわらず漁獲割合を一定に保つ漁獲率一定方策 (Constant Harvest Rate Strategy；CHR) では, 漁獲量の年変動はCESよりも小さくなる. 資源評価誤差の大きな資源ではCESよりもCHRのほうが頑健な管理が可能であり, 平均漁獲量もCESに比べて遜色がない[6, 7].

　t 年における資源量を B_t, 漁獲量を C_t, とり残し資源量を S_t, 漁獲係数を F_t とすると,

$$B_t - C_t = S_t \tag{5·1}$$

$$C_t = B_t \{1 - \exp(-F_t)\} \tag{5·2}$$

と書けるから, これらより C_t を消去して整理すると,

$$F_t = \ln(B_t) - \ln(S_t) \tag{5·3}$$

となる. したがってCESは漁獲係数 F に基づいて表示すると

$$F_t = \ln(B_t) + b \tag{5·4}$$

という式によってルール化できることになる. パラメータ b の値を調節することで, とり残し資源量 S_t を調節できる. 資源量 B_t を横軸に, F_t を縦軸にとれば, 「漁獲制御ルール (1系)」の図のイメージとなる. (図5·2)

　実は, この式にもう1つ, 全体の傾きを調節するパラメータ a を付け加えた次式

$$F_t = a \ln(B_t) + b \qquad (0 \leq a \leq 1) \tag{5·5}$$

を考えると, この式で定められる漁獲制御ルールは様々なケースでの効用関数の最大化 (最適化) に利用できることが示される. 検討過程の詳細については割愛するが, 再生産の変動が大きくなるほど, b の値の調節によって全体的に F を小さくし (図5·3), また, 資源量の評価誤差がある場合には評価誤差の

大きさに応じて a の値を小さくしていく（図5・4）ことにより，平均漁獲量を最大化することができる．この結果は，Katsukawa [8] が現行の漁獲制御ルールに基づき B_{limit}，B_{ban}，F_{limit} の各パラメータの値をさまざまに変化させて検討した数値計算結果と整合する．資源量の対数を用いたこのルール（以下，「対数資

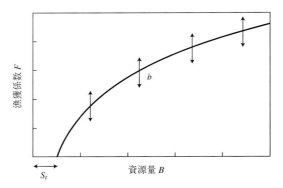

図5・2 資源量の対数式 $(F_t = a\ln(B_t) + b)$ に基づく漁獲制御ルール．パラメータ b の値によって，とり残し資源量 S_t が変化する．

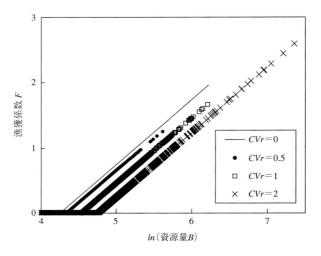

図5・3 再生産の変動の大きさの相違にともなう最適な漁獲制御ルールの変化．最大化すべき目的関数として平均漁獲量を採用した．CV_r は再生産関係に導入した乱数の変動係数を示す．横軸に資源量推定値の対数をとっている点に注意．

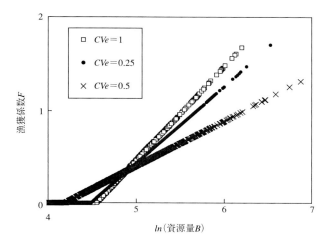

図5・4　資源量評価誤差の大きさの相違にともなう最適な漁獲制御ルール
　　　　の変化．最大化すべき目的関数として平均漁獲量を採用した．
　　　　CV_eは資源量評価誤差として導入した乱数の変動係数を示す．横
　　　　軸に資源量推定値の対数をとっている点に注意．

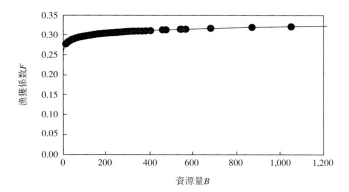

図5・5　目的関数を漁獲量の対数値の合計（$\Sigma \ln C_i$）としたときの最適な漁獲
　　　　制御ルール

源量ルール」と称す）は，CESとCHRを両極とする包括的な統合ルールであり，aが1に近い場合はCES，aが0に近い場合はCHRにそれぞれ近くなる．このルールは漁獲量の算術平均を最大化するのみならず，漁獲量の幾何平均に基づくrisk averseな効用関数など（図5・5），多様な目的関数群の最大化に適用可能である．

対数資源量ルールでaの値を0から1まで変化させ，それぞれのaに対して平均漁獲量を最大化するbを求めたうえで，各ケースのパフォーマンスを比較検討した結果，以下のことが明らかとなった．

① $a=1$（CES）に近いほど，漁獲量の変動係数と禁漁年の割合が大きくなる．
② 再生産の変動が大きな資源では，$a=0$（CHR）に近い領域で平均漁獲量が若干低下する．
③ TAC管理では，資源評価誤差の大きな資源で$a=1$（CES）に近づくほど最低資源量と平均漁獲量が顕著に低下するが，努力量管理では，資源評価誤差が増大しても$a=1$に近い領域での最低資源量と平均漁獲量の低下は軽微である．
④ 一般に$a=0$（CHR）よりも少し大きなaを設定すると，比較的頑健で高いパフォーマンスが得られる．

対数資源量ルールでは，B_{limit}，B_{ban}，F_{limit}などに基づく現行の漁獲制御ルールに比べて，必要なパラメータ数が2個と少ないため，漁獲制御ルールの最適性に関して見通しのよい論議が可能であり，また，資源量の全域にわたって関数の不連続点をもたないために，統一的なスケーリング（ユニバーサルスケーリング）が可能である，という利点をもつ．このため後述のように，漁獲制御ルールの1系ルールのみならず，2系ルールの論議にも有効に活用できる．

§2．資源の長期的変動に対処する漁獲戦略

上述の対数資源量ルールは，再生産関係が長期的に変化しないことを前提としているため，レジームシフトなどのように資源動態に関する構造的な変化が長期的に生じる状況下では，そのままの固定的なルールを適用できない．そのような場合には（5・5）式のパラメータaやbの最適な値も長期的に変化しうる，という視点を導入して論議する必要がある．

　長期的環境変動の存在下での資源の動態を以下のようなDelay-Differenceモデル（遅延差分モデル）によって表す.

$$B_{t+1} = gS_t + R(S_t) \tag{5・6}$$

$$R(S_t) = \frac{r_t S_t}{1 + S_t / K_t} \tag{5・7}$$

ここで, gは残存資源の総重量が翌年までに成長と生残によって変化する率, Rは再生産関数を表す. ここではBeverton-Holt型の再生産関係を仮定する. 内的自然増加率r_tと環境収容力K_tはtによって長期的に変化するものとする. さまざまなr_tとK_tの変化パターンを仮定して（5・2）式で漁獲を行ったときの長期間（たとえば100年間）にわたる平均漁獲量を計算し, それを最大化するための毎年の最適な漁獲係数の組み合わせ{ F_t | t =1, 2, 3, ...}を数値的に計算することができる. これにより, 資源の長期的変動に対して漁獲率F_tをどのように変化させれば平均漁獲量を最大化するための最適漁獲が実現できるかを明らかにすることができる. 一例として, 環境収容力K_tが周期的に変化する場合の最適なF_tと, そのときのC_t, B_t, S_tの変化の様子を図5・6に示した. これによると平均漁獲量を最大化するためには,

（イ）環境の悪化による資源の減少過程では漁獲率を上げて, 目先の漁獲量を稼ぐ.

（ロ）環境の好転による資源の増加過程では漁獲率を下げて, より多くの産卵資源量を残して資源の増加に備える.

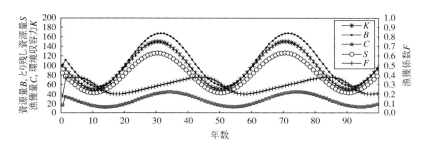

図5・6　環境収容力K_tが周期的に変化する場合の最適なF_tと, そのときの漁獲量C_t, 資源量B_t, とり残し資源量S_tの変化の様子. 最大化すべき目的関数として期間中の平均漁獲量を採用した. 初期資源量に適当な値（B_1 =100）を与えて計算を開始しているため, 初年の最適なFの水準は2年目以降のFの水準と大きく異なる.

ことが有効であると言える．レジームの不連続的な変化を想定してK_tを不連続的に変化させた場合や，内的自然増加率r_tを変化させた場合，再生産関係にRicker型再生産式を仮定した場合，資源の短期的な変動を確率的に導入した場合なども，基本的には同様の結果が導かれる．

　なお，この制御の大きな特徴の1つは，資源の増減の起こったあとに事後的に漁獲係数を追随させるように増減させることで最適な漁獲が実現できる，ということである．MacCall [9] は長期的に再生産関係がシフトする状況下での資源管理シミュレーションを行い，再生産関係が良好な時代には高い漁獲圧，再生産関係が悪い時代には低い漁獲圧を適用すべきであるが，レジームシフト直後に漁獲圧を変化させる必要はなく，資源水準の遷移期には以前のレジームの漁獲圧を継続することにより，累積漁獲量を比較的多く保ちつつ産卵親魚量の変動幅を最小化できることを示した．（詳細は本書の谷津 [10] による解説を参照されたい）．本稿による結果もMacCallの結果を裏付ける形となった．このことは，最適な漁獲圧制御のためには必ずしもレジームシフトを前もって予測する必要はなく，シフトの起こったことを事後的に確認しながら，あるいは資源の動態に事後的に沿わせるような形で，漁獲圧の制御を行えばよいことを示唆しており，今後，さまざまな角度から検討を加える価値がある．

　一方，以上の結果は，最適な経路に沿って漁獲圧が完全に制御される理想的な状態を前提としている．資源量が継続して減少する原因には，①環境要因の悪化，②過大な漁獲圧，の2通りが考えられる．②のケースで（イ）のような対応を行うと，資源にさらにダメージを与えてしまうことになるが，「資源量が継続して減少している」という表面的な現象面からは，その原因がいずれであるのかを容易に区別することはできない．したがって長期的に最適な漁獲ルールを論議する際には，資源量の推定誤差や管理の実行に系統的な偏りのある場合や，将来の資源動態に不確実性がある場合などを想定したさまざまな検討を，具体的で多様な仮定に基づくオペレーティングモデル [11] を用いて行う必要がある．その際には単に平均漁獲量の最大化をめざした効用関数に基づく検討に加えて，漁業経営の安定性をも勘案したさまざまな効用関数に基づき，現実的な漁業管理のあり方を模索し論議する必要がある．また，効用関数の最大化という最適性のみをスポット的に追い求めるのではなく，想定していた仮定がはず

れてもパフォーマンスの低下が甚大にならないような，「幅広い仮定に対して
頑健な，間違いの少ない管理」という視点からの検討も重要である．

§3. 短期的変動と長期的変動の双方に対処する統合ルール

（5・5）式を変形すると，

$$F_t = a\ln\left(\frac{B_t}{\tilde{B}_t}\right) + a\ln(\tilde{B}_t) + b \qquad (0 \leq a \leq 1) \tag{5・8}$$

と書くことができる．ここで，$\tilde{B}_t$ は資源量 B に関する時系列データを平滑化し
たときの t 年の値とする．右辺第1項は資源量の長期的な変化傾向に対する各
年の B_t の隔たり（比）に基づく制御，すなわち資源の短期的変動に対処するた
めの制御を表す．一方，右辺第2項は資源量の長期的な変化傾向に対処するた
めの制御を表す．この式に代表される漁獲制御ルールは

$$F_t = a\ln\left(\frac{B_t}{\tilde{B}_t}\right) + f\left(\left\{\tilde{B}_i \middle| i = ..., t-1, t, t+1, ...\right\}\right) \tag{5・9}$$

という式で一般化して表すことができる．前節のような論議によって資源の長
期的変動に対する最適制御の経路が明らかにされた場合は，それを右辺第2項
に反映させてルール化することができる．ここで f は，資源量の長期的変化傾
向である $\tilde{B}$ の時系列データや予測値を組み合わせて定式化される適当な関数を
表す．このルールによると，資源の短期的変動と長期的変動を明示的に区別し
た論議が可能となる．

　最も簡単な例として，

$$F_t = a_1\ln\left(\frac{B_t}{\tilde{B}_t}\right) + a_2\ln(\tilde{B}_t) + b \tag{5・10}$$

という制御ルールを考える．（5・8）式とは異なり，資源の短期的変動と長期的
変動を区別して検討するため，対数の前にかかる係数 a_1 と a_2 を区別している．
このルールは，図5・7に示すように，資源の長期変動に対する対処を基本とし
て，そのまわりに資源の短期的変動に対する対処を付加する，というルールで
ある．この式を1年ずらして

$$F_{t-1} = a_1\ln\left(\frac{B_{t-1}}{\tilde{B}_{t-1}}\right) + a_2\ln(\tilde{B}_{t-1}) + b \tag{5・11}$$

とし，（5・10）式と（5・11）式の差をとって整理すると，

$$F_t = F_{t-1} + a_1 \left[\ln\left(\frac{B_t}{B_{t-1}}\right) - \ln\left(\frac{\tilde{B}_t}{\tilde{B}_{t-1}}\right) \right] + a_2 \ln\left(\frac{\tilde{B}_t}{\tilde{B}_{t-1}}\right) \qquad (5・12)$$

と書ける．これは，各年における資源量の絶対値ではなく変化傾向（相対値）をもとに漁獲係数 F を逐次的に調節していくフィードバック管理ルールであり，最適な1系ルールの差分をとることによって最適な2系ルールを導くことができることを示している．資源量の漁期内モニタリングに基づく短期的で機動的な漁獲圧の調節が現実的に不可能な場合は右辺第2項をゼロと置いて扱い，右辺第3項に基づく長期的変動への対処のみを実行する．従来，1系ルールと2系ルールは互いに独立的に論議されてきたが，本稿におけるような連続関数に基づく視点を導入することにより，1系ルールと2系ルールを互いに関連させた整合的な論議が可能となる．本稿での論議は，漁獲係数

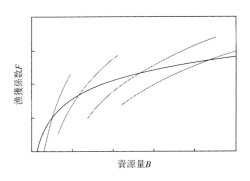

図5・7 資源の長期的変動（＿＿＿）と短期的変動（＿＿＿）のそれぞれに対処するための漁獲制御ルールの模式図

F の逐次的な調節方式に基礎を置いているため，漁獲量改訂方式という厳密な意味での現行の2系ルールとは異なっているが，今後のABC算定ルールの検討方向に関して基本的な視点を与えうるものと考える．

§4．おわりに

本稿ではわが国のTAC管理のためのABC算定ルールを念頭に置きながら，長期的な資源変動に対処するための漁獲制御ルールの検討方向について論議してきた．しかしながら，近年，TAC管理対象種のみならずさまざまな魚種において，地球的規模での長期的な気候変動がそれぞれの資源変動に影響を与えている可能性が示唆されるようになってきており，本稿での論議はそのような資源に対してもそのまま適用可能である．フィードバック管理に代表されるよ

うな，資源の状態をモニターしながら比較的簡単なルールに基づいて適応的な管理を行う手法は，不確実性に頑健に対処しうる有望な方策として注目されている．資源量推定値の絶対値に基づく管理ではなく，資源水準の経年的な相対的変化に基づく管理であるため，資源量絶対値の推定誤差に起因する管理効果の低下を回避することができる．そのような管理を具体化するためには，資源の変動と管理に関する時系列的な視点が重要となる．今後，さまざまな資源について漁獲量，努力量，RPS（再生産成功指数），環境データなどの時系列データの再検討によって長期的な変動傾向の把握を行い，資源の効果的な管理に役立てる必要がある．

文　献

1) C. Walters and A. M. Parma: Fixed exploitation rate strategies for coping with effects of climate change, *Can. J. Fish. Aquat. Sci.*, **53**, 148-158（1996）.

2) V. R. Restrepo and J. E. Powers: Precautionary control rules in US fisheries management: specification and performance, *ICES J. Mar. Sci.*, **56**, 846-852（1999）.

3) D. S. Butterworth and P. B. Best : The origin of the choice of 54 % of carrying capacity as the protection level for Baleen Whale stocks, and implications thereof for management procedures, *Rep. Int. Whal. Comm.*, **44**, 491-497（1994）.

4) F. Serchuk, D. Rivard, J. Casey, and R. Mayo : A conceptual framework for the implementation of the precautionary approach to fisheries management within the Northwest Atlantic Fisheries Organization（NAFO）, *NOAA Technical Memorandum. NMFS-F/SPO*, **40**, 103-119（1999）.

5) S. Tanaka: A theoretical consideration on the management of a stock-fishery system by catch quota and on its dynamical properties, *Nippon Suisan Gakkaishi*, **46**, 1477-1482（1980）.

6) 原田泰志：資源変動と資源量の不確実性のもとでの漁獲管理，個体群生態学会報，**53**，63-70（1996）.

7) 松宮義晴：水産資源管理概論，日本水産資源保護協会，1996，77pp.

8) T. Katsukawa: Numerical investigation of the optimal control rule for decision-making in fisheries management, *Fish. Sci.*, **70**, 123-131（2004）.

9) A. D. MacCall : Fishery-management and stock-rebuilding prospects under conditions of low-frequency environmental variability and species interactions, *Bull. Mar. Sci.*, **70**, 613-628（2002）.

10) 谷津明彦：レジームシフトとTAC対象資源の管理，レジームシフトと水産資源管理（青木一郎・二平　章・谷津明彦・山川　卓編），恒星社厚生閣，2005，p.9-21.

11) 平松一彦：オペレーティングモデルを用いたABC算定ルールの検討，日水誌，**70**，879-883（2004）.

6. 生態系モデルによる多魚種管理と
西部北太平洋への適用例

岡 村 寛 *

多数の魚種が相互に影響を与えている場合には，単一種のみの資源評価・管理は，非効率的であったり，結果を誤らせたりする可能性がある．そのため，複数魚種を一括して評価する資源評価・管理手法の適用が必要となる．近年，生態系モデルを用いた評価が広範に用いられてきている．

本稿では，まず高次捕食者を取り込んだ生態系モデル・多魚種モデルの紹介を行う．次に，西部北太平洋への適用例を紹介し，問題点を述べ，将来課題を論述する．

§1. 生態系モデル・多魚種モデル

最近，国際捕鯨委員会（International Whaling Commission；IWC）において高次捕食者を扱う生態系モデル・多魚種モデルのワークショップが開催された[1]．そのワークショップに対応して，ここでは特に高次捕食者を扱うことが可能な生態系モデル・多魚種モデルだけを扱う．また，後の節で必要となるため，特にEcopathモデルに重点をおいた紹介を行うことにする．

1·1 Ecopath/Ecosim

Ecopath[2,3]は世界中で広く使用されている生態系モデルの1つで，Ecopath with Ecosimとしてホームページ（http://www.ecopath.org/）からダウンロード可能なフリーのソフトウェアが配布されている．Ecopathの基本原理や適用例については，松石[4]で紹介されている．

Ecopathは，構成要素となる各種に対して，

生産量＝漁獲死亡＋捕食による死亡 ＋その他の要因による死亡 （6·1）

という方程式を立てて，連立方程式を解くことによって，未知パラメータを推定することを基礎とするモデルである[4]．必要なデータはバイオマス，生産量，

---

* （独）水産総合研究センター遠洋水産研究所

消費量，食性の情報，漁獲量などである．Ecopath の１つの利点は，基本的なパラメータが従来の水産資源学で得られる知見から推定され，モデルを動かすのに必ずしも新たに調査をする必要がないということである．不明部分は近縁種の情報から仮定することも可能であるし，実際，開発者らは生態系内の種を情報不足により削除してしまうよりは，あて推量でも何らかの値を入れることを薦めている．これは，ユーザーが大きな影響はないと考えて削除したものが，モデルの中では大きな影響をもち得ること，また感度解析やベイズ的なリサンプリング法による不確実性の考慮を行うことも可能である（この方法はEcorangerと呼ばれている）ことによるのであろう．この特徴は，従来の生態系モデルと比べてデータ構築を非常に容易なものとした．従来の生態系モデルは非常に多くの知見，パラメータを必要とするものという印象が強かったが，Ecopath の入力データの作成ははるかに容易である．これが，Ecopath が世界中で広く利用されていることの１つの大きな理由と思われる．様々な魚種の生物学的パラメータはフィッシュベース（FishBase）と呼ばれるホームページから入手することも可能である（http://www.fishbase.org/search.cfm）．Ecopath はデトライタスからマグロ，クジラまで，生態系全体の構成種を公平にモデル化するもので，これは従来水産資源学で知られてきた低次生産か高次捕食者のどちらかに中心を置いた生態系モデルと異なる大きな特徴となっている．

　モデルの形から，このままでは各種が平衡状態にあるという仮定の下でしかモデルを扱えないが，現在のモデルではBA（Biomass Accumulation）というパラメータも指定することができ，非平衡状態も扱うことが可能である．BA は次年の資源重量の増加分（または減少分）である．これはデフォルトでは全生物種で0になっているが，十分に開発されている魚種に対してこの値を指定することは特に重要となる．

　Ecosim は，特に漁業の変化が生態系に長期的にどのような影響を与えるかを見るために考え出されたシミュレーションモデルである．Ecosim は推定されたパラメータを含むEcopath の入力データを基礎に構築されるものであるから，Ecopath と独立に扱われるものではなく，Ecopath を拡張・発展したものと考えるべきである．Ecopath が信頼できないものであれば，Ecosim による将来予測を信頼することはできない．

Ecosim では，生物重量の変化に伴う摂餌組成の変化を考慮することを可能にするため，捕食者 j による餌 i の捕食量 C_{ij} を

$$C_{ij} = v_{ij}a_{ij}B_iB_j / (v_{ij} + v'_{ij} + a_{ij}B_j) \qquad (6 \cdot 2)$$

によって定義している．ここで，a_{ij} は捕食者 j による餌 i の有効探索率であり，v_{ij} と v'_{ij} はバルネラビリティー・パラメータ（vulnerability parameter）と呼ばれるもので，餌生物を捕食者に対して有効な状態にあるものとそうでないものとに分けたときの2つの状態間の交換率である．v_{ij} は捕食者が利用できない状態から利用できる状態への移行率であり，v'_{ij} は利用可能な状態から利用可能でない状態への移行率である．プログラム中では $v_{ij} = v'_{ij}$ という仮定がおかれている（図6·1）．

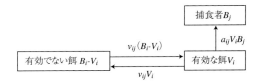

図6·1　Ecosim の捕食関係の模式図.
v_{ij} はバルネラビリティー・パラメータ

バルネラビリティー・パラメータは非常に重要な値で，プログラム中で0から1までの値を与えることになっているが，この値が小さい（0に近い）と生態系はボトムアップ型のものになり，大きい（1に近い）とトップダウン型のものになることが理論的に知られている[2]．小さなバルネラビリティー・パラメータの値を選んだとき，生態系はかなり安定したものとなり，大きな回復力を示すようになる．大きなバルネラビリティー・パラメータの値を選ぶと，生態系は不安定になり，激しく振動し回復しなくなることもしばしばである．外部データなどを用いて，バルネラビリティー・パラメータを推定しない場合には，バルネラビリティー・パラメータの値を中高低3つの場合に設定してシミュレーションを行うなどの配慮が必要となろう．

バルネラビリティー・パラメータを推定するためには，時代の異なる2つの Ecopath の入力データを構成することから推定する方法，進化生態学的見地から最適値を推定する方法，時系列データを利用するものなどいくつかの方法が

ある．現在のところ，最も有効であると考えられているのは時系列データを用いる方法である．この方法では，少なくとも1つの漁獲率の時系列を与えて，それによる資源の変動とCPUEなどの資源量指数データとの差を最小にするようにバルネラビリティー・パラメータを推定する．

　Ecopath，Ecosim は，年齢をプールしたモデルをもとに構成されているが，遅延差分モデル[5]（delay-difference model）を用いることにより，生活史を考慮することが可能である．そのためには，Ecopath の入力データ作成の際，生活史を考慮すべき種を未成魚と成魚の2つのグループに分けておくことが必要となる．このような遅延差分モデルによる生物の年齢とサイズ構造のモデル化は，成長に伴う摂餌組成の変化，死亡，加入プロセスの変化の明確な表現を可能にするものである．生活史のモデル化は特に，成熟と未成熟で餌種が異なる高次捕食者（たとえば，未成熟ではプランクトン食であるが，成熟すると小魚を食べるようになるもの）について行うことが重要であると考えられる．

　長期的な資源の変動を見る際，環境変動をどのように取り込むかは興味深いところであるが，現在のところEcosim は環境要因と各魚種の関係を直接モデル化することはできない．しかし，あらかじめ捕食量などがある関数形に従うと仮定することにより，各種の生物重量当たり消費量（QB）を季節的あるいは長期的に変動させて間接的に環境の影響を扱うことが可能である．1次生産者に対しては，生物量の変動を直接モデル化することができる．

　また，Ecosim の重要なプログラムルーチンとして最適な漁獲方策を探索するFishing Policy Search というものがある．この場合は，Ecopath 内で漁業を管理目的に合うよう分類を行い（たとえば，延縄漁業，トロール漁業，など），なおかつ各種の市価や船舶運用の経費などを設定しておくことが必要となる．そうした場合，経済価値や生物資源保護などの目的関数の重み付き和を最大にするように将来の漁獲戦略（漁獲率の値）を計算することが可能である．その他，Ecospace という空間構造を考慮して，保護区の効果を調べるモデルも開発されている．

1・2　MULTSPEC/BORMICON/GADGET

MULTSPEC[6] モデルはバレンツ海における，タラ，シシャモ，ニシンを中心とした多魚種評価のためのシミュレーションモデルである．特に，タラの捕

食がシシャモの加入に大きな影響を与えており，その影響を評価することを目的として開発された．後に，捕食者としてミンククジラとタテゴトアザラシが加えられ，海産哺乳類による捕食の影響が評価された．MULTSPEC モデルの構成は，図6・2のようになっており，Ecopath のような生態系モデルのフローダイアグラムと比べて，かなり単純なものである．このように，ある重要魚種を中心としてその捕食死亡の大部分を適切にモデル化することを目的として，直接興味のない部分は一定，あるいは確率的に変動するものとして扱うものをMinimum Realistic Models と呼ぶことがある[1]．Minimum Realistic Modelsには，他にMSVPA[7] などが知られている．これらのモデルでは，フローダイアグラムは簡単になるが，そのトレードオフとして，個々の種の動態モデルが複雑なものになる傾向がある．

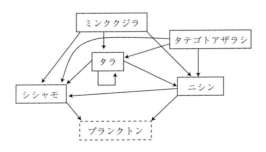

図6・2　MULTSPEC の概念図

　MULTSPEC では，捕食により食べる量がそれぞれの種の成長に結びつくようなモデル化がなされ，各種の回遊の時空間的な様相もモデルの中に取り込まれている．このモデルにより海産哺乳類の減少はタラの漁獲を増加させるといったような結果が得られている．ただし，海産哺乳類の動態は餌とは独立に扱われ，餌の増減が海産哺乳類に与える影響は評価されなかった．わが国でも，MULTSPEC 型のモデルの開発が行われているようである[8]．

　一方，BORMICON [9] は，MULTSPEC と似た特徴をもつバレンツ海の多魚種評価モデルであり，近年さらに拡張・発展してGADGET というモデルが開発されている．GADGET では，尤度関数でモデルを記述することにより統計モデルとして取り扱うことが可能となっており，それぞれの推定値は最尤推定

値となる．それ故，原理的には，最尤理論による不確実性の取り扱いが可能となる．ウェブサイトhttp://www.hafro.is/gadget/からマニュアルやプログラムをダウンロードすることができる．

1・3　その他の生態系モデル・多魚種モデル

その他の多魚種モデルとして，上にもあげたMSVPAが有名である．これは単一種VPA[5]の自然死亡の部分を捕食による死亡とその他の死亡に分けて，繰り返し計算により各種の資源動態を評価することを可能にする．単一種VPAで必要な年齢別年別の漁獲量のデータに加えて，胃内容物組成や餌消費量の情報が必要となる．MSVPAは北海に適用され，捕食による死亡の割合が従来考えられてきたものより高いことや，捕食が資源の加入に大きなインパクトを与える可能性があることなどが示唆された．

Ecopath以外の生態系モデルとしては，Yodzisによって開発されたTrophodynamics Model[10]というものがある．これはEcopath/Ecosimに似た生態系全体を扱うモデルである．資源動態モデルの中のいくつかのパラメータを体重と生物パラメータの関係から経験的に得られたアロメトリー式によって推定するので，その分必要なパラメータは少なくなる．南アフリカのベンゲラにおけるオットセイの捕獲の影響を調べて，オットセイ捕獲が生態系全体の漁獲量に悪影響を与えるという結果を得ている．Yodzisは捕食の関係式について詳細な検討を行っているが，捕食関係式は一般に評価結果に大きな影響を与えることから，この種の検討は重要なものである．

§2.　西部北太平洋のEcopathモデル

筆者が生態系モデルに携わったきっかけは，北太平洋において鯨類が漁業資源を大量に捕食しており，生態系に大きな影響を与えている可能性が示唆されたという報告[11]に基づき，鯨類の西部北太平洋生態系における役割を調べようということであった．当時，ノルウェーやアイスランドではMULTSPEC型の多魚種モデルが開発されていたが，まず西部北太平洋における鍵となる種を見つけ出し，しかる後に重要魚種を取り出して，MULTSPECのようなより局所的・具体的なモデルを構築しようという計画のもと，最初はEcopathモデルの構築を始めようということになった．

　Ecopath/Ecosim を用いた先駆的研究の1つとして，Trites ら[12] のベーリング海東部における分析がある．彼らの研究の目的は，1950年代の海産哺乳類の捕獲による減少が1950年代から1980年代にかけてのスケトウダラの激増を説明することができるかどうかを明らかにすることにあった．彼らはその解析結果から，ベーリング海東部の主要な魚種の生物重量に見られた変化の大きさは単に捕食・被食の関係性だけからは説明できず，環境変動のようなレジームシフトを含む他の要因の影響がより重要だったであろうと結論した．また，Trites ら[13] では，Ecopath/Ecosim は管理道具としては時機尚早ではあるが，科学的道具として役立つと結論している．

　ここでは，北太平洋三陸沖で鯨類の捕食と漁業の間に競合関係が在り得るのかを調べるために，三陸沖Ecopath モデルを構築し，Ecosim シミュレーションによって検討を行った結果を紹介する．特に三陸沖が選ばれたのは，日本政府の鯨類捕獲調査によってこの海域から将来データが得られるであろうことを考慮してのことである．

　三陸沖Ecopath モデルの構築にあたって，興味の主な対象は鯨類の捕食の影響であったので，多くの鯨種をプールせず別々に取り込むこととし，たとえば，ハクジラ類はマッコウクジラ，ツチクジラ，イシイルカ，コビレゴンドウ（タッパナガ），その他のハクジラ類の5つのカテゴリーに分けた．また，将来の複数種管理への応用を考えて，たとえよく似た生活史をもつものであったとしても，TAC対象種をはじめとする日本の商業漁業の中の重要魚種は別々に扱うことにした．たとえば，サンマ，マイワシ，カタクチイワシなどは小型浮魚でよく似た栄養段階にあるが，日本の漁業の中で非常に重要な種であるので，鯨類の餌の小型浮魚としてひとくくりにせず，別個に扱うこととした．結果として，三陸沖Ecopath モデルは30種類の構成要素をもつこととなった．Ecopath の入力データの大部分は一般に入手可能な文献を利用した．詳細については，岡村[14] を参照されたい．

　長期的な鯨類の捕食と漁業資源の関係を調べるために，次の2つのシナリオ，
　　　シナリオ1：今後50年間鯨類の捕獲率を0とする
　　　シナリオ2：今後50年間鯨類の捕獲率を2倍にする
のもとで将来50年間の各構成種の相対バイオマスの変化をシミュレーション

した結果を紹介する.

　Ecosim の結果は，バルネラビリティー・パラメータの設定の影響を強く受けるので，0.3 と 0.6 の 2 つのバルネラビリティー・パラメータの設定のもとでシミュレーションを行った．0.3 は Ecosim のデフォルト値であり，0.6 はその 2 倍である．ここでは，BA を仮定しなかったので，漁業の変化がないときは，相対バイオマスの曲線は一定のままである.

　さらに，バルネラビリティー・パラメータを三陸沖の漁業資源の時系列データを用いて予備的に推定することを試みた．使用したデータは 1987 年から 1999 年までのマイワシ，マサバ，スルメイカの漁獲率とバイオマス推定値である.

　Ecosim シミュレーションの結果は，シナリオ 1 のもとで，鯨類のバイオマスの増加が一部のイカ類を除いて餌生物の減少をもたらすことを示唆した．高いバルネラビリティーを設定したときの鯨類のバイオマス変化の振幅は，低いバルネラビリティーの時に比してかなり大きく，いくつかの魚類の相対バイオマスは数十パーセントから 100 パーセントまでの間で減少し，鯨類は逆に数十パーセントの増加を示した（図 6·3）．一般にバルネラビリティーが高いとき，生態系はトップダウン型となるので，この結果は自然なものである．シナリオ 2 のもとでは，鯨類の減少は，競合生物である大型魚類と餌である小型魚類の数十パーセントから 100 パーセントの範囲での増加をもたらした．スルメイカや小型浮遊イカは減少傾向を示し，減少は特にバルネラビリティー・パラメータが大きいとき顕著であった．これは，鯨類以外の捕食生物の増加による間接的な影響であると考えられる（図 6·4）.

　次に，時系列データにフィットさせることによってバルネラビリティー・パラメータを推定した結果について述べる．単純さのために，ここでは全体で 1 つのバルネラビリティー・パラメータだけを推定した．すなわち，バルネラビリティー・パラメータはどの種も一定で同じであると仮定した．時系列データから推定されたバルネラビリティー・パラメータはおよそ 0.59 であった．これらの結果は，西部北太平洋のバルネラビリティー・パラメータは 0.3 よりも 0.6 の方に近い可能性を示唆した．ただし，時系列データへのフィットの視覚的な判定は，マイワシの時系列データの変動をうまく説明できないことを示唆した.

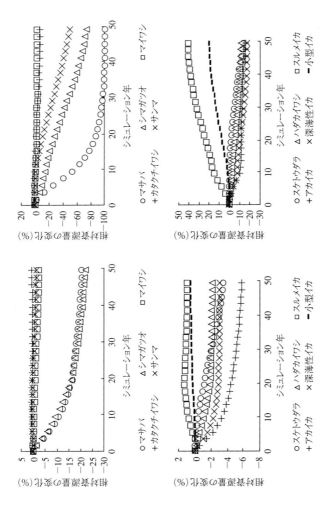

図6·3 シナリオ1（鯨類の捕獲率を将来50年間にわたって0とする）のもとでの餌資源の相対資源量の変動。上はマイワシなど、下はイカ類など。左はパルネラビリティー・パラメーター=0.3の場合、右はパルネラビリティー・パラメーター=0.6の場合。

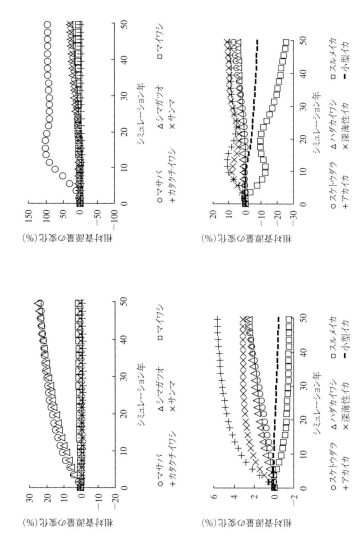

図6・4　シナリオ2（鯨類の漁獲率を将来50年間にわたって2倍にする）のもとでの餌質源の相対質源量の変動．上はマイワシなど，下はイカ類など．左はバルネラビリティー・パラメータ＝0.3の場合，右はバルネラビリティー・パラメータ＝0.6の場合．

マイワシの時系列データは3種のうちで最も大きな変化を示すものだった.

　Ecopath/Ecosim は，これまで水産資源学で用いられてきた生態系モデルと異なって，ずっと複雑で広範な食物連鎖を扱えること，たくさんの生物種を取り込めること，各々の構成種に過度に多くのパラメータを必要としないこと，などの特徴をもっている．この研究では，パラメータを選ぶ際，できるだけ最近年のもので合理的な値を用いるよう心掛けたが，いくつかは古いデータに頼らざるをえなかった．また，パラメータの不確実性を十分に考えることはできなかった．そのこともあって，分析における興味の対象である鯨類のパラメータは幾分保守的なものを用いている．たとえば，鯨類の個体数推定の際，目視調査における調査線上の発見確率 g (0) は大部分の鯨種に対して1と仮定した．しかし，実際には，鯨類はたとえ調査線上にいても潜水により見落とされると考えられるため，多くの鯨類に対して g (0) は1より小さいと考えられる[15]．バイオマス当たりの生産量は大型鯨類には0.02，小型鯨類には0.06という比較的保守的な設定をおいた．消費量計算にはTrites ら[16] で用いられた公式を用いたが，これは一般的に保守的な値を与えるものである．また，日本政府の捕獲調査の主対象種であるミンククジラの影響を中心に考えたため，いくつかの鯨種については不十分な取り扱いの結果となった．たとえば，イシイルカは冬に捕獲されるが，個体数推定値は5月から9月にかけてのものを用いた．夏季にはイシイルカの大部分はオホーツク海におり，冬の捕獲は南下してきた資源を捕獲した結果であると考えられるので，シミュレーション結果で見られたイシイルカ資源の大きな変動はこうしたデータの矛盾を含んだものであることが考えられる．いくつかの種は同様に捕獲と個体数推定値の間に時間的なずれをもっていた．このような問題の解決のためには，回遊の効果を考慮したり，生息域全体をモデル化したりする努力が必要であろう．回遊の考慮と生態系全体でのモデリングのために，Ecosim を空間的に拡張した Ecospace の利用が役に立つかもしれない．

　Ecosim におけるバルネラビリティー・パラメータの推定結果は比較的高い値を示唆した．そして高いバルネラビリティー・パラメータの時には，鯨類の捕食と漁業の間に競合関係がある可能性が示唆された事実から，西部北太平洋において鯨類と漁業の間の有意な競合関係の存在は否定できなかった．これは，

西部北太平洋での捕鯨や漁業の生態系への影響は，Trites ら[12] のベーリング海東部の結果と比較して相対的に大きなものである可能性を示唆する．しかし，バルネラビリティー・パラメータを全体で1つだけ推定したこと，使用した時系列データの精度や最小化した目的関数の重みなどの考慮を行わなかったこと，Ecopath で用いたパラメータの不確実性を十分考慮していないことなどから，この問題の結論に達するためには，さらなる解析と調査が必要である．マイワシの相対バイオマスに対する適合度は悪く，Ecosim はマイワシ資源の変動を説明することはできなかった．北太平洋の浮魚資源の魚種交替現象には環境変動が大きな役割をはたしていることがしばしば指摘されている．将来，環境変動をモデルの中に取り込むことがきわめて重要となるであろう．環境変動をモデルの中に取り込まないまま，環境変動の影響を強く受ける魚種の時系列データを用いてバルネラビリティー・パラメータを推定することは誤った答えを導く危険があると考えられる．

　Ecosim の捕食－被食関係ではバルネラビリティーの概念が中心的な役割を果たしているが，数理生態学では寺本[17, 18] や松田[19] にあるように捕食のスイッチングが研究されてきた．捕食のスイッチングとは，捕食者がより高い確率で獲得できる餌に選択を切り換えることである．Ecosim の解析結果では，バルネラビリティー・パラメータが大きいときサバが激しく減少しほとんど絶滅してしまうように見えるが，これは捕食のスイッチングの効果がEcosim では考えられていないことが1つの原因であるかもしれない．実際には，それがいくら好みの餌であっても，餌が少なくなって捕獲効率が悪くなったら，他の餌で間に合わせることになるであろう．捕食のスイッチングは餌の競争関係の緩和に寄与し，生態系の安定化をもたらすことが知られている[18]．また，最近のパタゴニア生態系へのTrophodynamics Model の適用結果では，Ecosim の捕食関係式はあてはまりが悪かったという報告がなされている[20]．特に，ミンククジラは雑食性で日和見的な食性をもち，そのとき密度が高い餌が胃内容物に出現するということが知られている[21, 22]．三陸沖でミンククジラの捕食の影響が大きいことを考えると，種間関係の正確な予測のためには，捕食のスイッチング効果をモデルの中に取り入れることが重要であろう．

　本稿で見たように，北太平洋には捕食者・被食者ともに多くの種が存在し，

生態系モデルは複雑なものとなる．鯨類の捕食と餌資源の問題を考える際，南氷洋のような比較的単純な生態系においてモデルを構築することからはじめるのがよいかもしれない．南極海における鯨類を含む生態系モデルを用いた研究は既に行われてきているが[23]，将来北西太平洋と南氷洋の比較を通して，生態系の観点に基づく様々な知見が得られることが期待される．

§3. 生態系モデル・多魚種モデルの課題

生態系モデル・多魚種モデルによる資源管理は未だ実用段階にはない．特に大きな問題は不確実性の取り扱いであり，生態系モデル・多魚種モデルは必然的に複雑なモデルとなりパラメータ数が増えるため，データ要求が大きくなる．モデルの複雑さにより理論的な観点で不確実性を適切に扱うことは難しいが，たとえ理論的に扱うことが可能であったとしても，現状の一般的な水産資源データの精度では大きな不確実性が累積し，満足な予測を行うことは難しいであろう．不確実性を適切に取り扱う理論の進展とともに，生態系モデルの適用に耐えうるデータ収集の計画，実践が要求される．これには長期にわたってかなりの経費が必要となるであろう．IWC[1] は特に重要な不確実性の根源として，捕食関係の関数形の特定をあげている．関数形の特定が行えるような時系列データの収集には，綿密な計画に基づいた実験的な手法が有効であると考えられる．

しかし，これは現時点での生態系モデル・多魚種モデルの評価が重要でないということではない．実際，いくつかの生態系モデル・多魚種モデルの結果は補助情報として単一種の資源管理に活用されているようである．その限界を認識して，データの質量，目的に応じて，適切な生態系モデルを使用することは単一種の資源管理やそれを取り巻く環境・生態系の評価に大きな寄与を与えることであろう．

本稿の生態系モデルは三陸沖の鯨類など高次捕食者を含むわが国ではじめて構築されたEcopathモデルであり，今後さらに修正・改良がなされていくべきものである．ここでは鯨類の捕食と魚類の競合関係の有無を探るのが目的であり，上でも述べたように，本稿で与えられたいくつかの結果は具体的な魚種の運命を示す正確な予測にはなっていない．ここで作られたモデルは未だ多くの

問題点を抱えているので短絡的な評価を下さないよう注意が必要である.

　Tritesら[13]が指摘したように，現時点でEcopathやEcosimを資源管理の目的で用いるのはまだ早計であろう．現行では，科学的事実の探索を目的とする1つの道具として用いるべきである．三陸沖において鯨類と漁業の競合の存在を否定することはできなかったが，不確実性の幅広い調査を含むより詳細な検討が必要である．個別の資源調査で得られたパラメータの不確実性を生態系モデルへどのように取り込むかが今後の課題の1つであるが，コンピュータの計算能力の発達もあり，近い将来より柔軟性のある生態系モデルを開発することが可能となるであろうことが期待される.

文　献

1) International Whaling Commission : Report of the modelling workshop on cetacean - fishery competition, *J. Cetacean Res. Manage.* 6（Supplement），413-426（2004）.

2) V.Christensen, C.J. Walters, and D.Pauly: Ecopath with Ecosim: a User's Guide, *Fisheries Centre Research Reports*, 12（4），University of British Colombia, 2004, 154pp.

3) D. Pauly, V. Christensen, and C. Walters: Ecopath, Ecosim, and Ecospace as tools for evaluating ecosystem impact of fisheries, *ICES J. Mar. Sci.*, 57, 697-706（2000）.

4) 松石　隆：Ecopath with Ecosim，月刊海洋，37，212-220（2005）.

5) R. Hilborn and C. J. Walters: Quantitative fisheries stock assessment : Choice, dynamics and uncertainty, Chapman and Hall, New York, 1992, 570pp.

6) B. Bogstad, K. H. Hauge and Ø. Ulltang: MULTSPEC-A multi-species model for fish and marine mammals in the Barents Sea, *J. North Atl. Fish. Sci.*, 22, 317-341（1997）.

7) K. Magnusson: An overview of the multi-species VPA-theory and applications, *Rev. Fish Biol. Fisheries*, 5, 195-212（1995）.

8) 川原重幸：生態系と鯨類，鯨類資源の持続的利用は可能か（加藤秀弘・大隅清治編），生物研究社，2002，pp.50-53.

9) G. Stefansson and O. K. Palsson: The framework for multispecies modelling of Arcto-boreal systems, *Rev. Fish Biol. Fisheries*, 8, 101-104（1998）.

10) P. Yodzis: Local trophodynamics and the interaction of marine mammals and fisheries in the Benguela ecosystem, *J. Animal Ecol.*, 67, 635-658（1998）.

11) T. Tamura and S. Ohsumi: Estimation of total food consumption by cetaceans in the world's oceans, The Institute of Cetacean Research, 1999, 16pp.

12) A. W. Trites, P. A. Livingston, M. C. Vasconcellos, S. Mackinson, A. M. Springer, and D. Pauly: Ecosystem change and the decline of marine mammals in the Eastern Bering Sea: testing the ecosystem shift and commercial whaling hypotheses, *Fisheries Centre Research Reports*, 7,

1999, 100pp.

13) A. W. Trites, P. A. Livingston, M. C. Vasconcellos, S. Mackinson, A. M. Springer, and D. Pauly : Ecosystem considerations and the limitations of ecosystem models in fisheries management: insights form the Bering sea, in "Ecosystem Approaches for Fisheries Management", Alaska Sea Grant College Program, 1999, pp. 609-619.

14) 岡村　寛：海産哺乳類を中心とした生態系モデリングのための数理統計学的研究，水産総合研究センター研究報告，**10**，18-100（2004）.

15) H. Okamura, T. Kitakado, K. Hiramatsu, and M. Mori: Abundance estimation of diving animals by the double-platform line transect method, *Biometrics*, **59**, 512-520（2003）.

16) A.W. Trites, V.Christensen, and D.Pauly: Competition between Fisheries and Marine mammals for prey and primary production in the Pacific Ocean, *J. North Atl. Fish. Sci.*, **22**, 173-187（1997）.

17) 寺本　英：ランダムな現象の数学，吉岡書店，1990，106pp.

18) 寺本　英：数理生態学，朝倉書店，1997，183pp.

19) 松田裕之：野生生物の餌料選択と捕食者－被食者系の安定性，中央水研報，**2**，51-62，1991.

20) E. E. Plaganyi and D. S. Butterworth: A critical look at the potential of Ecopath with Ecosim to assist in practical fisheries management, *Afr. J. Mar. Sci.*, **26**, 261-287（2004）.

21) F. Kasamatsu and S. Tanaka: Annual changes in prey species of minke whales taken off Japan 1948-87, *Nippon Suisan Gakkaishi*, **58**, 637-651（1992）.

22) 笠松不二男：クジラの生態，恒星社厚生閣，2000，230pp.

23) M. Mori and D. S. Butterworth: Consideration of multispecies interactions in the Antarctic: A preliminary model of the minke whale-blue whale-krill interaction. *Afr. J. Mar. Sci.*, **26**, 245-259（2004）.

7. 変動に対して頑健な管理方策

原田泰志[*]・西山雅人[*]

　親魚量と加入量の関係（再生産関係）に時間変動がある状況での漁獲管理について，数理的手法を用いた検討例を紹介する．

　再生産関係の年次変動を予測できるなら，それを生かしたきめ細かい漁獲管理を行える可能性がある．たとえば，変動を将来にわたって完全に予測でき，毎年の漁獲強度を完全にコントロールできるならば，最適な漁獲ができる（最適性の尺度としては漁獲量の長期間平均などさまざまなものが考えられる）．しかし，完全な予測が不可能であるだけでなく，漁獲強度の完全なコントロールも不可能であることから，最適をめざすことは非現実的であり，より現実的な漁獲管理方策を検討することが重要である．

　再生産関係の変動のもとでの漁獲管理方策について，以下が知られている[1,2]．

　①平均的な再生産関係のもとで最大持続可能生産量（MSY）をあげるとり残し量や漁獲率を保つことで，多くの場合，最適に近い漁獲をあげられる．

　②レジームシフトと呼ばれる10年から数十年スケールの変動があるなら，各レジームにおいて，そこでの平均的再生産関係のもとでMSYをあげるとり残し量や漁獲率を保つことで，多くの場合，最適に近い漁獲をあげられる．

　③適切なレベルに漁獲率を一定に保つ方策は，環境変動に対して「頑健」で，最適な方策に大きな遜色がない漁獲をもたらすことが多い．

　これらのことをふまえて以下が主張されている．

　④再生産関係や環境条件の変動予測や資源変動機構の理解が進んでも，漁獲管理の成績が大きく向上することは望めない．環境の調査研究より，一定に近い適切な漁獲率の実現に，より大きな努力を注ぐべきである．

　これらをふまえて本稿では，漁獲率を一定に保つ方策（Constant Harvest Rate Strategy：以下CHRと略する）の頑健さについて，いくつかの条件設定のもとで具体的な数値例を用いて検討する．CHRの頑健性に影響を与える可

＊　三重大学生物資源学部

能性のある要因として，現実の漁業における漁獲能力の上限の存在，若齢魚保護，およびレジームシフトに注目し，検討する．

　検討においては，目的関数を最大にする最適方策とCHRで，目的関数の値を比較する（なお，紙数の関係で，本稿では目的関数として長期間の平均漁獲量を用いた結果を紹介する）．環境変動がなければ，漁獲率を一定の最適なレベルに保つことで平均漁獲量が最大化される．環境変動のもとではCHRは最適方策ではなくなり，最適な漁獲のためには漁獲率を年ごとに変化させる必要があるが，最適方策とCHRの目的関数の値の差が小さければ，CHRは望ましい方策でありつづけることになる．その場合に，変動に対して頑健であるとみなす．

　また，再生産関係の変動について正しい情報を用いた場合と，情報が無いもしくは用いない場合の間で目的関数の値を比較する．その結果から，ある情報が得られることの価値を評価する．

　検討においては，マイワシ太平洋系群を想定した数値例を用いる．すなわち，モデルのパラメータは西田ら[3]に示されているものは，それをそのまま，もしくは一部簡単化のための改変を加えて用い，また，一部は，西田ら[3]をもとに独自に設定する．

　なお，本稿の結果は直ちに管理方策に反映させられるべきものではなく，実際の管理への応用のためには，より現実的な設定条件の検討や，さらに多様な状況を想定した解析が少なくとも必要である．

　これらの検討は，表計算ソフト（例：マイクロソフト社のExcel）により容易に行える（Walters and Martell[2]の第3章も参考にされたい）．管理方策策定や，資源管理のための調査設計過程で，研究者だけでなく行政官や利害関係者によっても類似の解析が行われることが可能であり，望ましいと考える．

　検討においては管理方策の相対評価を重視する．すなわち，最適方策に対する相対値で評価する．何年後かに回復すべき資源水準（あるいは漁獲量）といった絶対的目標が資源管理において設定されることがあるが，その実現は人為でコントロールできない要因に大きく左右される．そのため，現実に起こった環境条件のもとで最適な方策でも，絶対的目標を達成しなければ評価されない．相対評価ではこのようなことが起こらない．

§1. 変動環境下での資源管理方策の評価

　離散時間の資源動態モデルを用い，以下のように設定する．個体群を0歳，1歳，2歳，3歳，4歳，5歳以上の年齢階級に分ける．各年齢の個体の体重，成熟率，漁獲選択率を表7・1に示す．ここで漁獲選択率は，i歳の漁獲係数F_iの，各年齢のFの算術平均（$(F_0 + F_1 + F_2 + F_3 + F_4 + F_{5+}) / 6$：以下ではこれを$F$と呼ぶ）に対する比として定義する．たとえば$F$が0.5のときには，0歳魚の$F$は0.5に0歳魚の選択率0.24をかけて0.12となる．自然死亡係数Mは年当たり0.4とする．

表7・1　設定した年齢依存パラメータ

年齢	0	1	2	3	4	5+
体重（kg）	0.019	0.052	0.077	0.098	0.114	0.129
成熟率	0.0	0.5	1.0	1.0	1.0	1.0
漁獲選択率	0.24	0.78	0.83	1.12	1.51	1.51

　Beverton-Holt型の再生産関係を仮定し，そのパラメータを以下のようにして求める．t年（$1976 \leq t \leq 2003$）に観測された加入尾数y_tおよび産卵親魚重量x_tから再生産関係式

$$R_t = \frac{\alpha x}{1 + \beta x_t} \tag{7・1}$$

により求められる予想加入量について，$\Sigma\,[\ln\,(y_t/R_t)]^2$を最小にするパラメータ$\alpha$，$\beta$を求める（以下，数式や図表においては，尾数は百万尾を単位に，重量は千トンを単位に記述する）．これはR_tからのずれが対数正規分布に従うとして平均的再生産関係を求めることに相当する．その結果$\alpha = 28.38$，$\beta = 0.00021$と求まる（図7・1）．

　1978年にはこのようにして求めた平均的再生産関係のもとで予想される加入尾数約478億尾に対し，実際の加入量は約943億尾で，943億 / 478億＝約2.0倍であった．これは，この年，パラメータαの値が上記推定値（28.38）に対して約2.0倍であったからであると考える（加入量や親魚量の推定値に誤差がないこと，およびβが変化しないことを仮定している）．この倍率をs_tとするとt年のαの値α_tは$s_t\,\alpha$と表せ，tとs_tの関係は図7・2のようになる．近年，相対的にs_tの値が小さい年が多い．

　また*YPR*は図7・3のaのようになる．そして，F_{MAX}（YPRを最大にする*F*）と$F_{0.1}$（*F*と*YPR*の関係を表す曲線の傾きが原点における傾きの10％になる*F*値：再生産量を増やすために，*YPR*を大きく下げない範囲で*F*をF_{MAX}より下げる方策と解釈できる）はそれぞれ1.06と0.38となる．また，平均的再生産関係が変動なしに継続するときのF_{MSY}（MSYを実現する*F*）は0.27となる．

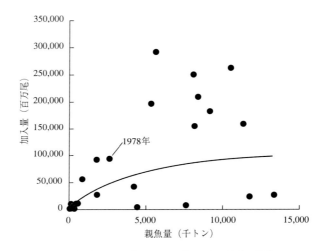

図7・1　再生産関係．1976年から2003年の間の再生産に関するデータ（黒丸）と再生産関係のパラメータ α のみが変化しているという仮定のもとで推定された平均的再生産関係（実線）．

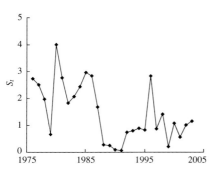

図7・2　S_t の経年変化

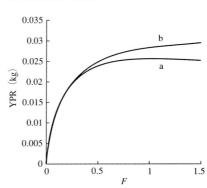

図7・3　YPRとFの関係．
a：漁獲開始年齢が0歳の場合，b：漁獲開始年齢が1歳の場合．

　以下に示す検討では1976年から2003年の環境条件（再生産関係）が28年周期で循環して生じるとする．すなわち，西暦年を28で割ったあまりが同一の年の再生産関係は同一であるとする．そのもとで，再生産関係の変動に同期した定常的なサイクルで漁獲係数を変化させる状況を想定する．そして，資源量や漁獲量が定常的なサイクルに入ったときの年平均漁獲量などで，管理方策の評価を行う．

1・1　最適方策

　まず，変動を将来にわたって完全に予測でき，漁獲強度を完全にコントロールできる場合に実現されうる最適な漁獲と，そのときの漁獲量の長時間平均を求める．これはある意味「神」にのみ可能な漁獲である．ただし神といっても，再生産関係の変動や漁獲選択性は変更できない，「与えられた状況のもとでベストを尽くす」ひかえめな神である．

　最適解の導出は，Excelのワークシート上に資源動態をモデル化し，目的関数（漁獲量の長時間平均）を最大化する各年のFをアドインであるソルバーで求める．ソルバーは最適化する変数の数に制限があるため以下の工夫をする．

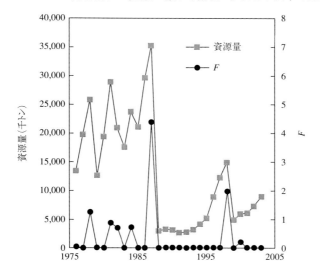

図7・4　最適な漁獲方策（F）とそのもとでの資源量変動．再生産関係の
　　　　パラメータαのみが変化している場合．周期的に変動する1周期
　　　　分のみを示す．

いま筆者らは，28年周期の変動を想定している．その15周期分すなわち420年間の資源動態をモデル化する．そして，最初の2周期分を除いた13周期の間の年平均漁獲量を目的関数に，それを最大にする28年周期のFを求める．2周期がすむことにより資源量がほぼ定常サイクルにはいること，また，13周期分を平均することにより最終サイクルの影響がへり，定常サイクルでの最適解に対する近似精度があがることを期待している．

その結果，求められた最適方策のもとでの年平均漁獲量は約298万トンであり，漁獲係数と資源量の変動は図7・4に示す通りである．何年もの禁漁年がある一方で，非常に大きな漁獲係数の年がある．

1・2　漁獲率一定方策（CHR）

では，変動に対して「頑健」とされるFを一定に保つ方策（CHR）はどうだろうか？

CHRにおけるFと平均漁獲量の関係を示したのが図7・5のaである．また表7・2（a）に，代表的なFの成績を示す．定常サイクルにおける平均漁獲量を最大にするF（以下F_{OPT}と呼ぶ）は0.31となり，そのもとでの年平均漁獲量は約258万トンで，「神」の約87％である．ただし，変動係数は66％で「神」の90％に対して相当小さい．一定とはいえこのF_{OPT}は再生産関係の変動について，すべての情報がなければ決められないものであり，情報的には「神」と同等のものが必要である．平均的な再生産関係だけから求められるF_{MSY}（0.27）ではどうであろうか．年平均漁獲量は「神」の約86％となり変動係数は63％である．F_{OPT}とほぼ遜色ない平均漁獲量である．さらに，再生産関係の情報なしに求められるF_{MAX}（1.06）や$F_{0.1}$（0.38）

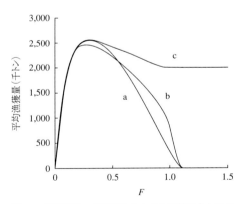

図7・5　漁獲率を一定に保とうとする方策のもとでの，目標Fと年平均漁獲量の関係．
再生産関係のパラメータaのみが変化している場合．a：漁獲開始年齢が0歳でFに上限なし，b：漁獲開始年齢が0歳でFに上限あり，c：漁獲開始年齢が1歳でFに上限あり．

表7·2　再生産関係のパラメータ α のみが変動するときの各漁獲方策の成績

	F	平均漁獲量 （千トン）	最適に対する 割合（%）	漁獲量の変動 係数（%）
a				
最適	−	2,977	100	224
F_{OPT}	0.31	2,579	87	66
F_{MSY}	0.27	2,560	86	63
F_{MAX}	1.06	65	2	161
$F_{0.1}$	0.38	2,525	85	72
b				
最適	−	2,570	100	67
F_{OPT}	0.28	2,470	96	57
F_{MSY}	0.27	2,470	96	57
F_{MAX}	1.06	68	3	161
$F_{0.1}$	0.38	2,394	93	59
漁獲規制なし	−	0	0	−
c				
最適	−	2,623	100	62
F_{OPT}	0.31	2,549	97	56
F_{MSY}	0.32	2,549	97	56
F_{MAX}	∞	2,008	77	74
$F_{0.1}$	0.43	2,489	95	57
漁獲規制なし	−	2,008	77	74

a：漁獲開始年齢0歳，F の上限なし
b：漁獲開始年齢0歳，F の上限あり
c：漁獲開始年齢1歳，F の上限あり

ではどうだろうか？　前者は資源を絶滅に近い状態に追いやるが，後者の平均漁獲量は「神」の約85 %，変動係数は72 %となる．後者は平均漁獲量においては F_{OPT} と遜色ない．

　これらを総合すると，CHR は平均漁獲量においては「神」に少し見劣りするようであるが，漁獲量変動の小ささがメリットであり，望ましい方策といえるだろう．またCHR のなかでは，再生産関係の情報を用いないが再生産のことを考慮して漁獲圧を F_{MAX} より下げる $F_{0.1}$ により，再生産関係の変動についての情報を用いた場合と遜色ない結果をもたらしうる．

1·3　F の上限の効果

　マイワシを漁獲する主たる漁業はまき網漁業である．まき網漁業のCPUE は資源量に比例せず，資源量の飽和関数になると考えられる．そしてこの関数は近似的にHolling のdisc equation と呼ばれる双曲線で記述できることが期待さ

れる[4]．その結果，資源量が増大すると努力量が同じであっても F が下がる．

　現実にはどうであろうか？　マイワシ太平洋系群における資源量と F の関係を記したものが，図7·6である．この期間，TAC による漁獲の制限は実質上かかっていなかったと考えられるので，この図は，漁獲能力が規制されずに行使されたときに実現される F 値と資源量の関係を表していると考えることにする．この関係を，Holling の disc equation の仮定に従って双曲線で回帰すると

$$F = \frac{1.2}{1 + 0.00015x} \tag{7·2}$$

となる．x は資源量（千トン）である．この式で表される F を現実の F が超えることがないという拘束条件を加えて，先と同様の解析を行ってみる．

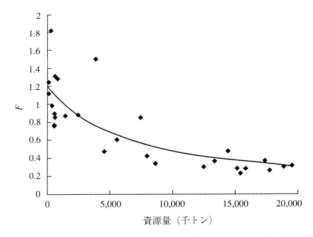

図7·6　マイワシ太平洋系群における1976年から2003年の間の資源量
　　　　と漁獲係数（F）の関係

　結果を表7·2（b）に示す．まず，「神」の漁獲係数と資源量の変動は図7·7に示すようになり，漁獲強度の上限のせいで年平均漁獲量は約298万トンから約257万トンに減る．ただし変動係数は67％と小さくなる．図7·7だけからではよくわからないが，1周期28年のうち禁漁の年が7年あり，残り21年のうち17年では上限一杯の漁獲係数になっている．禁漁水準をきめておき，資源量がそれ以上の時には漁獲を制限せず，それ以下の時には禁漁にするという方策に似た方策が最適になっている．

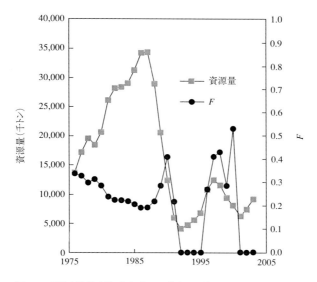

図7・7　最適な漁獲方策（*F*）とそのもとでの資源量変動. *F* に上限があ
る場合. 他は図7・4に同じ.

　CHRはどうであろうか？　*F* に上限がある場合，CHRは，「目標 *F* 一定方
策」あるいは「条件付き CHR」とでもいえるものになり，*F* の目標値（以下，
「目標 *F*」と呼ぶ）が（7・2）式から求められる *F* より小さい年には目標 *F* で，
それより大きい年には，（7・2）式から求められる *F* で漁獲を行う方策となる.
目標と平均漁獲量の関係は図7・5（b）のようになる. 一見して，ピークがなだ
らかになり，*F* の上限を設定しない場合（a）に比べて，広い範囲の目標 *F* で
ピークに近い平均漁獲量があがる. このとき，平均漁獲量を最大にする F_{OPT} は
0.28であり，「神」の約96％の平均漁獲量をあげることができる. F_{MSY}（0.27）
でもほぼ同様である. F_{MAX}（1.06）の成績は低いが，$F_{0.1}$（0.38）では「神」の
93％の平均漁獲量となる.

　これらのことから，（7・2）式のような資源量に対応した *F* の上限の存在は，
CHRと「神」の差を縮める. このような拘束が現実にあるなら，漁獲係数を
適正なレベル（F_{MAX} や $F_{0.1}$）にほぼ一定にする管理ができさえすれば，それ以
上の管理をめざす必要性は大きくない可能性がある.

　このとき $F_{0.1}$ を目標 *F* とするということは，資源量がおよそ1,400万トン以

下のときにのみ漁獲を制限し，F を 0.38 にするということである．ここで示したシミュレーションでは，1 周期 28 年のうち 19 年で制限が必要で残り 9 年は不要である．ここには示さないが，制限を開始する資源量を 1,400 万トンよりさらに低くしても，制限時の F を 0.38 まで下げられるならば平均漁獲量は大差ない．なお，（7・2）式で表される上限の F で常に漁獲が行われると資源が絶滅することから，制限が全くなしではさすがに問題が生じる．

1・4　0歳魚をとらなければ？　質的管理の充実はきめ細かい量的管理を不要にするか？

小型魚の不合理漁獲を減らすことが，資源管理において重要と考えられている．たとえば，マイワシでは 0 歳魚は小さく，翌年まで残せばより大きくして獲ることができる．また 0 歳魚を漁獲しなければ，たとえ 1 歳以上の魚をそれまで同様の漁獲強度で漁獲しても，より多くの産卵親魚を残すことができる．

0 歳魚をとらないという条件では加入量当たり漁獲量 YPR は図 7・3 の b のようになる．0 歳魚から漁獲する場合と比較するために，F が同じ値をとる時には 0 歳魚から漁獲する場合でもそうでない場合でも 1 歳魚以上の漁獲係数が同じになるように F を定義した．すなわち，表 7・1 に示した選択率をかければ 1 歳以上の魚の漁獲係数となる値をもって F とした．0 歳魚から漁獲する a に比べて YPR は大きく，0 歳魚をとり残すことに効果がありそうである．

F に（7・2）式で表される上限があるとして，先と同様，周期的変動環境でのシミュレーションの結果をまとめると表 7・2（c）のようになる．

まず，「神」の年平均漁獲量は，262 万トンで，変動係数は 62 ％である．また一定の F を保とうとするときの目標 F と平均漁獲量の関係は図 7・5 の c のようになる．b よりもさらに山のとがりがなくなり，さらに広い範囲の目標 F でピークに近い平均漁獲量をあげられることがわかる．このとき，平均漁獲量を最大にする目標 F（F_{OPT}）は 0.31 であり，「神」の約 97 ％の成績である．F_{MSY}（0.32）でも同様である．また $F_{0.1}$（0.43）では「神」の 95 ％となる．また，全く漁獲規制なしで，常に（7・2）式で表される上限の F で漁獲していても平均で約 201 万トン，すなわち「神」の 77 ％の水揚げとなる．ただしこのとき，変動係数は 74 ％と，より大きい平均漁獲量をあたえる CHR より大きくなり，望ましいとは言い難い．

　これらのことから，若齢魚を保護するという「質的」な管理の強化は，環境条件の予測や資源量にあわせて漁獲率を調節するきめ細やかな「量的」管理の必要性を低下させるだけでなく，CHR における目標設定を容易にする可能性が示唆される．

§2．死亡率の密度依存性（β）が異なる2つのレジーム

　§1．の解析では，2つのパラメータのうち α の変動のみで再生産関係の変動が起こっている場合を想定した．現実には β も変動している可能性があり，そのような場合も考えておく必要があろう．そこで，例として，α の平均値と β が異なる2つの「レジーム」が交互に繰り返しており，「レジーム内」では α のみが変化して再生産関係の変動が起こっている状況を想定する．

　このとき，最適方策はどのようなものになり，また緒言の②で述べたことは成立するだろうか．CHR の相対成績はどうなるだろうか．先ほどと同様の方法で検討してみる．

　再生産関係の図（図7・1）を見て点を2つのグループに分ける．1つは1976年から1987年の点．もう1つは1988年から2003年の点である．前者の年代は，親の量に対して多くの加入が見込めるよいレジームであり，後者の年代は悪いレジームであったと考える．

　レジームごとに，再生産関係を先と同様の方法で推定してやると，1976年から1987年では

$$R = \frac{64.7x}{1 + 0.00022x} \tag{7・3}$$

1988年から2003年では

$$R = \frac{38.3x}{1 + 0.00259x} \tag{7・4}$$

となり，悪いレジームでは，密度依存的死亡に関係する β が10倍になっており，また α の平均値も小さい（図7・8）．

　先と同様にさまざまな方策の成績を求める．漁獲開始年齢が0歳で，F に（7・2）式で表される上限がある場合について，最適方策のもとでの F と資源量の変動を図7・9に示す．最適な漁獲をあげるためには悪いレジームへの移行後

しばらく高い漁獲圧をかけるべきこと，よいレジームに入る前に漁獲をおさえる（禁漁にする）べきことがわかる．図だけからではよくわからないが，1周期28年のうち禁漁の年が10年あり，解禁される残り18年のうち15年では上限一杯の漁獲率になっている．

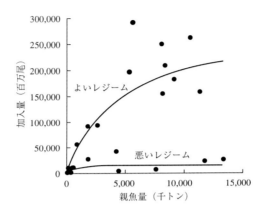

図7·8　よいレジームと悪いレジーム

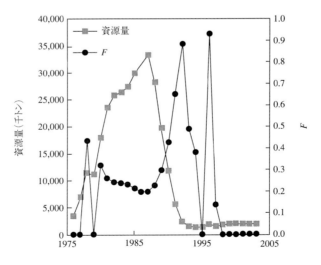

図7·9　最適な漁獲方策（*F*）とそのもとでの資源量変動．再生産関係のパラメータ*β*の異なる2つのレジームがある場合．*F*に上限がある場合．

　代表的ないくつかの方策の成績を表7・3に示す．表の中で「F_{MSY1}，F_{MSY2}」とは，よいレジームと悪いレジームに対するF_{MSY}を表し，それぞれのレジームの間は，(7・3)式と(7・4)式に示す平均的再生産関係のもとでMSYを実現する目標Fで，漁獲するというものである．また「F_{OPT1}，F_{OPT2}」とは，それぞれのレジームの間は一定の目標Fで漁獲するとし，各レジームでの目標Fは，年平均漁獲量を最大にするようにF_{OPT1}，F_{OPT2}とする場合である．また，単にF_{MSY}とあるのは，§1．でβの変動を想定せずに求めた再生産関係のもとでのF_{MSY}をいずれのレジームでも目標Fとする場合である．

表7・3　再生産関係のパラメータβの異なる 2 つのレジームが存在するときの各漁獲方策の成績

	F	平均漁獲量（千トン）	最適に対する割合（%）	漁獲量の変動係数（%）
a				
最適	—	2,316	100	310
F_{OPT1}，F_{OPT2}	0.36, 0.30	1,775	77	101
F_{MSY1}，F_{MSY2}	0.44, 0.33	1,755	76	100
F_{OPT}	0.34	1,773	77	102
F_{MSY}	0.27	1,740	75	98
F_{MAX}	1.06	650	28	122
$F_{0.1}$	0.38	1,764	76	104
b				
最適	—	1,880	100	101
F_{OPT1}，F_{OPT2}	0.31, 0.28	1,696	90	96
F_{MSY1}，F_{MSY2}	0.44, 0.33	1,650	88	91
F_{OPT}	0.30	1,694	90	95
F_{MSY}	0.27	1,691	90	95
F_{MAX}	1.06	762	41	113
$F_{0.1}$	0.38	1,658	88	95
漁獲規制なし	—	631	34	112
c				
最適	—	1,908	100	97
F_{OPT1}，F_{OPT2}	0.33, 0.32	1,753	92	94
F_{MSY1}，F_{MSY2}	0.58, 0.40	1,709	90	91
F_{OPT}	0.31	1,753	92	94
F_{MSY}	0.32	1,753	92	94
F_{MAX}	∞	1,331	70	94
$F_{0.1}$	0.43	1,730	91	94
漁獲規制なし	—	1,331	70	94

　a：漁獲開始年齢0歳，Fの上限なし
　b：漁獲開始年齢0歳，Fの上限あり
　c：漁獲開始年齢1歳，Fの上限あり

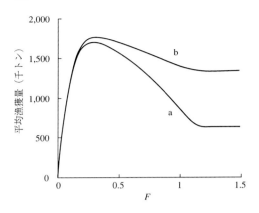

図7・10　漁獲係数を一定に保とうとする方策のもとでの，設定漁獲係数（F）と年平均漁獲量の関係．再生産関係のパラメータβの異なる2つのレジームがある場合．a：漁獲開始年齢が0歳でFに上限あり，b：漁獲開始年齢が1歳でFに上限あり．

また，Fに（7・2）式で表される上限がある場合について，設定した値にFを保とうとする方策について，設定Fと平均漁獲量の関係を図7・10に示す．

CHR（レジームごとに目標Fを変えるものも含む）の最適方策に対する相対成績は§1．に比べて低下しているが，漁獲率に上限がある場合にはおおむね最適の90％以上の平均漁獲量をあげている．また，漁獲率に上限があることや，0歳魚を保護することが，CHRの相対成績を高めるのは先と同様である．

CHRの相互比較では，レジームによらずF_{MSY}や$F_{0.1}$に目標を設定する方策が，レジームごとに目標を変更する方策（「F_{OPT1}，F_{OPT2}」）に遜色ないことがわかる．このことから，レジーム間でαの平均値やβが変動していることを無視して（あるいはわからずに），目標漁獲係数を設定しても，大きな問題はなさそうである．ただし，この数値例では，F_{OPT1}とF_{OPT2}がほとんど変わらないことには注意が必要であろう．なお，MacCall[5]はレジームシフトが起こってすぐではなく，1年以上おいてからFを変化させることにより平均漁獲量を向上できることを示している．詳しくは述べないが，本稿の設定でも時間遅れによる改善はみられるが，大きくはなく，上記の結論は変わらなかった．

§3.　議　論

上記の結果から，本稿で想定した状況において，漁獲率を一定に保つ方策が変動に対して「頑健」であることが示唆された．そしてその頑健さは，若齢魚を漁獲しないという質的管理の強化のもとで，より高くなることが示唆された．また，レジームによって再生産関係式のパラメータが大きく異なっている場合

に，そのことを無視してF_{MSY}や$F_{0.1}$を目標として採用しても，レジームごとに漁獲率を変える方策と遜色ないと考えられた．

これらのことから，環境条件の将来予測ができなくても，また，再生産関係の変動に密度依存的死亡率の変化が関係しているかどうかわからなくとも，適切な漁獲強度を求めるうえでは問題が少ないことが示唆される．ただし，限られた条件のもとでの検討結果であり，より広い条件設定のもとでの検討が望まれる．加入量がまったく親の量に依存しない場合や，ブラジル沿岸のマイワシ（*Sardinella brasiliensis*）を対象にしたシミュレーションにおいてVasconcellos [6] が行っている逆補償現象（depensation）を想定した検討などは重要であろう．

本稿で検討した，漁獲率を一定に保とうとする方策は，漁獲率の上限の存在のもとでは，「資源がある水準以上の年には漁獲を規制せず，水準以下の年には漁獲率を一定以下に規制する」と表現できるものであった．そしてその頑健性は若齢魚保護により高まった．

このことから，現実にめざすべき管理の方向性の1つとして，「若齢魚保護を強化するとともに，資源水準が低いときに漁獲率があがらないようにする」というものが考えられる．TACによる量的管理の導入以前から進むべき方向であると考えられていたであろう方向をすすめることで，環境変動のもとでも最適に近い管理ができる可能性がある．そして，その実現のための方策としては努力量や漁場の規制による入口管理と，TACのような出口管理の2つがある．それぞれの現実性や得失を十分に検討したうえで，管理の方向性を定めることが望ましい．

最後に，本稿で示した検討の限界には注意しておく必要がある．まず，本稿では定常サイクルに入った状況での漁獲量で評価していることが重要である．§2．の設定で$F_{0.1}$で漁獲した場合には1周期の中での最低資源量はおおよそ78万トンである．現状がこれを下回る資源状態にある場合には，$F_{0.1}$で漁獲を行うことはここで示したほど望ましくない可能性がある．定常サイクル外の状態を考慮した解析が必要である．また，管理実行における誤差を考慮することも必要であろう．

文　献

1) C.J. Walters and A. Parma: Fixed exploitation rate strategy for coping with effects of climate change, *Can. J. Fish. Aquat. Sci.*, **53**, 148-158 (1996).

2) C.J. Walters and J.D. Martell: Fisheries Ecology and Management, Princeton Univ. Press, 2004, 448pp.

3) 西田　宏, 谷津明彦, 石田　実, 能登正幸, 須田真木：平成16年マイワシ太平洋系群の資源評価, 我が国周辺水域の漁業資源評価, 第一分冊, 水産庁増殖推進部・水産総合研究センター, 2005, pp.11-36.

4) R. Hilborn and C.J. Walters: Quantitative Fisheries Stock Assessment: Choice, Dynamics and Uncertainty, Chapman and Hall, 1992, 570pp.

5) A. D. MacCall: Fishery-management and stock-rebuilding prospects under conditions of low-frequency environmental variability and species interactions. *Bull. Mar. Sci.*, **70**, 613-628 (2002).

6) M. Vasconcellos : An analysis of harvest strategies and information needs in the purse seine fishery for the Brazilian sardine, *Fish. Res.*, **59**, 363-378 (2003).

Ⅲ. 漁業形態，漁業経営，管理制度

8. 多獲性浮魚資源を対象にした大規模漁業の構想

上野康弘[*1]・熊沢泰生[*2]

　わが国周辺沖合海域の浮魚類は主に大中型まき網，サンマ棒受網，イカ釣りなどを中心とする中小型漁船によって漁獲されているが，近年，漁獲対象資源の変動や乱獲による資源減少，豊漁の場合の魚価の低迷など漁業経営を圧迫する諸要因により漁業経営は極端に悪化していると言われている．

　一般にレジームシフトは漁獲対象魚種の長期的資源変動をもたらすため，漁業の側から見ると資源状態がよい魚種が順次入れ変わっていくことになる．このため，色々な魚種を同じ基本装備で漁獲できる漁法が経営上有利である．資源管理の観点からも，資源状態が悪くなった魚種の漁獲を回避し，資源状態がよい魚種の漁獲を行うことが好ましい．このような漁獲を実現できる漁法としては，まき網や日本では行われていないが北欧で盛んに行われている中層トロールが該当する[1]．本報告では，わが国沖合漁業の現状分析を基礎に置き，欧米において発達している中層トロールを日本周辺漁場へ導入することを検討した例を示すとともに，検討の過程で浮かび上がって来た日本の沖合漁業をとりまく構造的欠陥を指摘した．

§1. 現在の沖合漁業の問題点

1・1 大中型まき網漁業の抱える問題点

　農林水産統計による「大中型まき網漁業」（大臣許可漁業）の水揚げ金額の最近の推移をみると（図8・1上），生産量の多いサバ，イワシ，アジ類など小型浮魚類を漁獲対象とする「その他のまき網」の生産金額が右肩下がりで減少し

*1 （独）水産総合研究センター東北区水産研究所八戸支所
*2 ニチモウ株式会社下関研究室

ていることがわかる*³．同様に「大中型まき網漁業」の主体を成している「その他のまき網」の漁労体数も，1990年の195から，2002年には85と半減しており*³，経営が困難になっている漁労体が多くなってきていることがわかる．近年の大中型まき網の合計トン数500トン以上の経営体の平均固定負債額の推移をみると（図8・1下）*⁴，生産金額や経営体数とは対照的に右肩上がりで増

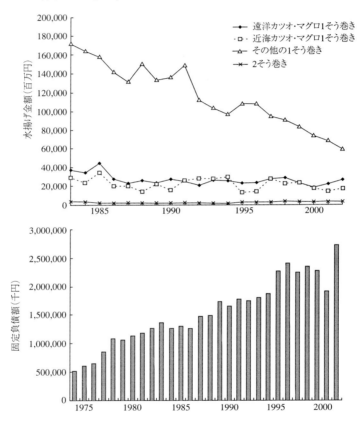

図8・1　近年の大中型まき網漁業の水揚げ金額（上）と同500総トン以上階層経営体の平均固定負債金額の推移（下）

* ³　農林水産省統計部発行の各年の「漁業・養殖業生産統計年報」から．

* ⁴　農林水産省統計部発行の各年の「漁業経済調査報告（企業体の部）」（2000年以前）及び「漁業経営調査報告」（2001年以後）から．

加している．2001年の平均固定負債額は約27億円となっており，これに平均流動負債額が10億円以上あるので，実際の平均負債金額の合計は37億円以上に達している．大中型まき網は漁船5〜6隻，従業員数60名内外で行われている企業であることを考えると異常に大きい負債の金額であり，しかも負債の増加傾向が止まっていないことは，将来に不安を抱かせる．これらのことは，小型浮魚類を主な漁獲対象とする大中型まき網漁業においては，漁業収入の減少が原因で経費を賄えなくなってきていることを示しているものと考えられる．

1・2　サンマ棒受網漁業のかかえる問題点

サンマ棒受網漁業の大臣許可隻数は[2]，1980年代後半から1990年代前半にかけての減少が著しく，最近は緩やかな減少傾向が続いているものの大中型まき網ほどその傾向は顕著ではない．1980年代後半の隻数の急減は，サケ・マスの公海漁業の禁止に伴うサケ・マス流し網漁業の廃業に伴うもので，サンマ棒受網漁業の経営状況によるものではない．

サンマ棒受網漁業は年間を通して行える漁業ではなく，8月から12月にかけての4ヶ月に限定して許可がなされているもので，漁船はその他の期間にはサケ・マス流し網，マグロ延縄，大目流し網などに従事している．近年，サンマの生産量や生産金額は減少傾向を示していない．

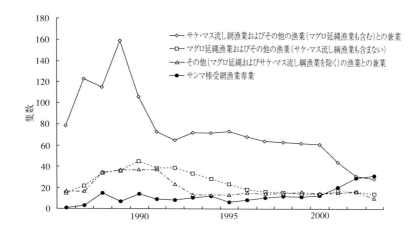

図8・2　サンマ棒受網漁船の兼業状態の変化

サンマ棒受網漁業に従事している漁船の兼業タイプの推移をみると[5]（図8・2），以前はサケ・マス流し網漁業との兼業が多く，マグロ延縄漁業との兼業も多く見られた．ところが，最近，これらの兼業船が著しく減少している．サケ・マス流し網漁業との兼業船については，サケ・マスの公海漁業の禁止後はロシアとの合意の基に同国の200海里水域内に入って操業する漁船が残存していたが，最近の入漁料の上昇などで経済的に引き合わなくなって撤退する経営体が増えている．マグロ延縄もこのサイズの漁船（200トン以下）では不振のようで，最近の傾向としてサンマ棒受網漁業専業船が急速に増加している．これは，年間4ヶ月弱しか稼働しないことを意味しており，サンマ棒受網漁業単独では黒字でも，周年を通した経営や減価償却という観点からみると明らかに大きな問題を含んでいる．兼業が成立しなくなってきていることから，サンマ棒受網漁業の生産の主体を成してきた100トン以上の大型船の経営は次第に困難になってきていると考えられる．

§2. 北欧型中層トロールシステムの概要とその利点

北欧では，中層トロールによる浮魚・中層魚の漁獲が普及してきており，商業的に成功していると言われている．筆者らは，北欧の漁業関係者への聞き取り調査などを行い，その結果を整理して，その長所を日本の代表的な浮魚漁業である大中型まき網漁業と比較して以下の通り整理した．

①原則単船操業で経費がかからない．

②船価が比較的安い：日本の大中型まき網船団総建造費の50～70％．

③漁具の運用が比較的簡単（必要人員が半分以下）．

④スキャニングソナー，スピリットビーム式魚探などによって的確に魚群を捕捉する．

⑤ITIシステムなどによって漁具を高度にコントロールして効率よく漁獲する．

⑥漁具の購入・維持費用が比較的安価．

⑦1つの船で多魚種が漁獲可能．

北欧型トロールの船型や装備について簡単にまとめた模式図を示した（図8・

---

[5] 年度ごとに発行される全国さんま棒受網漁業共同組合編「さんま棒受網関係資料」によった．

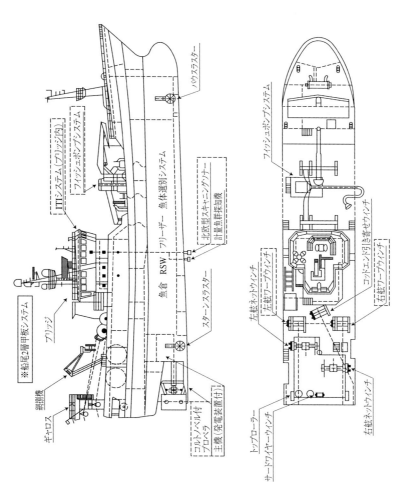

図8・3　北欧型中層トロール漁船の模式図

3上）．北欧型の浮魚トロールの中で最も特徴的なものは，Integrated Trawl Instrumentation（ITI）システムで，スキャニングソナーによる魚群探査からトロール曳網・操船および魚を網に入れる時の微調整までを統合したシステムである．音響的に探知した魚群の位置に網をもって行く機能がある．フィッシュポンプは浮魚用で，スリップウエイから揚げることによる魚の損傷を抑える目的で使用される．コルトノズルは推力を得るためによく用いられている．主機は発電兼用で，補機は使用せず，機関室容積の縮小を図っている．

　スキャニングソナーは探知範囲の大きいものが使用されており，日本製のものも多く，価格が高い．スプリットビーム式魚探は日本でも計量魚探に用いられているが，ソナーで探知した魚群の上に行って，その魚群の体長組成などを調べるために用いられる．商業的に漁獲に値するものであるかどうかを確認するわけである．

　上から見ると（図8・3下），日本船より幅が広く，ワープウインチはオートテンションウインチで，ITIシステムなどと連動して，進路変更などに対応して網形状を正常に保つようになっている．船が回頭しても網の形状はくずれない．したがって，魚群の逃避行動に船が的確に追随することができる．

　網を曳いている状態を模式的に示した（図8・4）．網の運用に重要なのはトロールソナーで，これは網口上部の後ろ側に取り付けられている．網口形状とともに網の前方を監視して，魚群の捕捉に役立てることができる．

　また，網口高さもしくは網口形状をサードワイヤーあるいはセンターワイヤーと呼ばれる強力なキャプタイヤコードで，直接，コントロールするのも大き

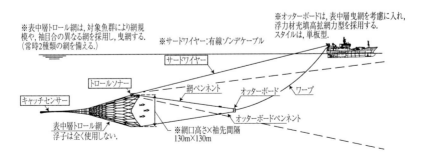

図8・4　北欧型中層トロール漁船の操業時の模式図

な特徴で，このコードを通してトロールソナーなどの情報も船へ送られる．コッドエンドにはキャッチセンサーが装備されていて，入網した魚群の量をモニターすることができる．漁獲し過ぎると魚の品質を下げる場合があり，冷凍処理の能力に合わせて漁獲量を加減することができる．

　北欧型トロールの最も大きな特徴は，海中の魚群を音響的に捕捉して，これをシステム的に確実に網に入れることにあり，日本の在来型トロールの漁労長の勘と経験に頼った方法とは技術的に大きな差がある．

§3.　日本への中層トロール漁法の導入可能性の検討

3・1　中層トロール漁法の日本での操業実績

　日本漁船では，スケトウダラやスルメイカの離底曳きを除くと，中層トロールを日常的に行っているのは調査船のみである．中層トロールは1992年以降，多獲性浮魚の水産資源調査に盛んに使用されるようになってきている．筆者が担当して行っただけでも，中層トロールの試験操業は500回以上行われており，東はアラスカ湾から西は道東・三陸沖に及ぶ海域が対象となった．主なターゲットはサケ・マス類とサンマであった．

　資源調査での中層トロールの操業はソナーやITIシステムなどの漁具をコントロールするシステムをほとんど使用していない．筆者が担当した試験に加えて各地の海区水産研究所が行った中層トロール試験の結果をまとめると，下記のような魚種が多獲（数百kg以上の漁獲）された実績がある．多獲されたことのある魚種は，温帯・亜寒帯性の魚類が圧倒的に多く，亜熱帯性のものは少ない．多獲された海域も東北・北海道沖合などが多い．カツオ・マグロ類は現在のところ多獲されていない．

　（資源調査で中層トロールにより多獲されたことのある魚種）

　サンマ，サケ・マス類，カタクチイワシ，マイワシ，サバ類，ホッケ，スルメイカ，アカイカ，ニシン，シマガツオ，スケトウダラ，コガネガレイ，ホタルイカ，フグ類，マアジ

3・2　資源的にみた中層トロールの対象魚種

　表8・1に日本沿岸・沖合漁場で中層トロールの対象となりそうな魚種の資源量・漁獲量の一覧を示した[3]．比較的大きな資源量のある魚種の中で，マアジ，

マイワシ，サバ類などは，現在ほぼ許容漁獲量を満たす利用が行われており，資源水準も中〜低位水準のものが多い．資源管理などによりこれらの資源水準が回復すれば有力な対象魚種となるだろう．サンマ・カタクチイワシ・スルメイカはかなり資源量に余裕があり，特にサンマ・カタクチイワシは沖合に巨大な未利用資源があると推定されている．しかしながら，これらの魚種は魚価が安いという問題点がある．この他に沖合性のカツオ，アカイカ，マグロ類，シマガツオなども対象として考えるべきであろう．

表8・1　日本沿岸の主要資源の資源量と生物学的許容漁獲量（ABC）

魚　種	2002年 資源量 （千トン）	2003年 ABCtarget （千トン）	2001年 漁獲量 （千トン）	備　考
マアジ	516	142	212	
マイワシ	273	48	178	
サバ類	1,058	300	470	
スケトウダラ	1,468	161	181	
サンマ	1,252	380	266	北西太平洋全域資源量 2,841 千トン
スルメイカ	2,560	756	529	
カタクチイワシ	1,501	280	326	太平洋沖合域にはさらに資源あり
ホッケ	—	178	171	
イトヒキダラ	—	32	48	
ブリ	—	50	63	
タチウオ	—	3	8	
ウルメイワシ	—	27	39	
ムロアジ類	—	13	16	
ニシン	—	2	2	
合計	8,628	2,372	2,509	

3・3　まき網単船化事業から得られた教訓

中層トロールに類似した漁法として，単船まき網があり，北欧ではパーサートローラーといって，まき網・トロール兼用船が広く使用されている．単船まき網企業化試験は，わが国でも海洋水産資源開発センターにより東シナ海漁場（平成丸）[6]と北部漁場（北勝丸）[7]で行われた．単船操業で効率的に浮魚を

---

[6]　海洋水産資源開発センター：平成5〜10年度新操業形態開発実証化事業報告書（東シナ海，黄海，南シナ海）から．

[7]　海洋水産資源開発センター：平成9〜12年度新操業形態開発実証化事業報告書（北部太平洋海区）から．

大量に獲るという目標は中層トロールもまき網も同様である．これらの単船ま
き網事業で出た問題点は，中層トロールを企業化する際にも必ず出てくると思
われるので，これらの調査報告から読み取れる主な問題点を列挙した．

①実際に単船で漁場へ出てみると，既存のまき網船が用いている魚群探索シ
ステム（船団間の情報網，探索船による探索）を利用できなかったことから，
効率的な魚群探索が実現できないことが大きな問題となった．

②漁獲した魚を自船で運搬することになっていたが，実際にはそれでは時間
的なロスが大きくなるので運搬船を使用せざるを得なかった．このことは，中
層トロールを企業化する場合にも，漁獲物の運搬の問題が起きることを示して
いる．したがって，単船化というよりは運搬船を含んだ船団の合理化（ミニ船
団化）という視点から検討を加える必要がある．

③北欧の漁具は日本周辺漁場の魚群に適合しない場合が多かった．たとえば，
日本周辺漁場では，魚群の分布水深が深いので，当初導入した北欧型の漁具の
深さを増して改良しなければならなかった．中層トロールも同様に日本周辺漁
場に適合したものを開発していかなければならないだろう．

④単船まき網企業化試験では，カツオ・マグロ類の水揚げを除くとアジ・サ
バ・イワシなどの多獲性浮魚類の販売単価は平均で 1kg 当たり 20～90 円と非
常に安かった．事業の中では水揚げ物の販売単価を上げるために色々な試みが
なされている．

⑤北欧漁船で用いられていた海水冷却装置は日本沿岸では水温が高すぎて能
力不足であった．冷凍で水揚げするか，生鮮で水揚げするかなどについては，
付加価値の問題も含めて検討すべき大きな課題である．

3・4　水揚げ物の価格維持

これらのことは，単船まき網事業で出てきた問題であったのであるが，当然
のことながら，中層トロールでも同様の問題が出てくるとみなければならない．
特に深刻なのは魚価の問題で，これを解決しなければ高い採算性は見込めない．
そこで，水揚げする魚の価格を維持するにはどのような条件が必要かという観
点から，日本の産地水揚げ魚価の形成について，輸入水産物との関係から検討
してみた．最近の小型浮魚などの産地価格の暴落については，輸入水産物に押
されているという見方がよくされるが，輸入水産物は国産水産物より安いので

あろうか？　主要多獲性魚種について，最近の平均産地水揚価格の推移を示した（図8・5上）．これによれば，多くの魚種がkg当たり単価100円以下あるいは100円から200円の間で推移している[8]．

最近の水産物の輸入価格について見てみると（図8・5下）[9]，カツオのようにkg単価100円を切るものもあるが，おおむね100円から200円程度で輸入されている場合が多い．魚体サイズや品質などの違いがあるため単純な比較は危険であるが，必ずしも輸入品が安いとも言い切れない．

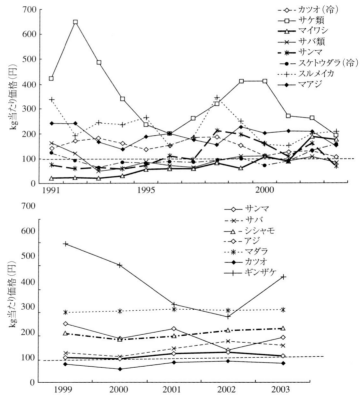

図8・5　最近の主要魚種の産地水揚げ価格（上）と輸入価格の推移（下）

---

[8]　農林水産省統計部発行の各年の「水産物流通統計年報」によった．

[9]　データは財務省貿易統計（輸入）を抜粋している農林水産省ホームページ
（http://www.tdb.maff.go.jp/toukei/a02smenu?TouID=K001）から取った．

　輸入品は，むしろ当初はレジームシフトや乱獲などによる資源量の変動に起因する国産水産物の品不足に対応するため入ってきているのではないかと考えられる．一旦入ってくると，固定した需要が生まれ，後に国産品の水揚げ量が回復した場合には，すでに国産品の市場が失われている状態になるということが考えられる．

　輸入水産物の長所としては，輸出を意識して生産されているものが多いので，規格がしっかりしていて品質が比較的安定しているという点がある．これは，加工・流通業者にとっては大きなリスク回避となる．また，加工原料として考えた場合に，輸入水産物は必要な時に必要な量を購入できる利点があり，水揚げ量の不安定な国産品（地元産品）を使用するよりも経営上のリスクが少ない．これに対して，国内の生産者側を省みると，たとえばサンマの場合には，漁業者は漁期初めに刺身用などに高価格で販売できる高鮮度生鮮品の生産に集中する．鮮度のよい生サンマは美味であるが，保存がしにくいので水揚げ量が少し増加すると供給過剰になり，価格が暴落する．また，水揚げ後に冷凍するので，漁獲後水揚げするまでの期間によって冷凍品の鮮度は変わってしまう．

　大量生産を前提に小型浮魚を生産する場合には，船上で鮮度よく冷凍あるいは加工して，国際的に通用し信頼できる規格品にしてから水揚げすることが重要ではないだろうか．

　一方，今後の小型浮魚類に関する国際的な価格および需給の見通しについて共通する認識[*10]は，①欧米では健康志向から水産物需要は増加傾向であること，②中国，韓国などでは経済の好転から水産物需要は増加傾向であること，③ノルウエーなどの小型浮魚類の生産国ではTAC削減の傾向があること[*11]，などがあげられる．基本的には，小型浮魚類の需給はしだいに逼迫し，魚価は世界的，長期的には上昇する見込みであるということである．

[*10] ここでの論議は主に水産庁補助事業として行われた平成16年度水産業構造改革加速化技術開発事業の「未利用水産資源を利用する新漁業システムモデルと新型漁船（工船）の開発」の中での検討に基づいている．

[*11] このことについて体系的にまとめた論文はないが，業界紙には時折断片的な情報が紹介されている．たとえば日本水産経済新聞2004年10月4日版1面「サバ加工減産必至」あるいは，同誌2004年10月12日版「凍魚，供給減で価格上げ基調」，同誌2005年1月25日版7面「トロールもの水揚げ低調」，同誌2005年1月28日版1面「輸入イワシ供給細る」など．

　仮に小型浮魚類の消費が世界中に広がれば，需要も増え，魚価も世界規模で決まることになり価格の安定が期待できるということになる．すなわち，魚不足は沖合漁業にチャンスであり，生産物の加工方法に対する工夫や国際的な販売努力をして，このチャンスを生かす必要がある．たとえば，国内について見てもサンマの場合，70年前の昭和初期には全国の需要は2万トン以下であったものが[4]，現在は20万トンを越えているわけであり，販売努力によって需要を喚起するという基本的な姿勢と努力が必要であると言える．

§4. 多獲性浮魚資源を対象にした新しい漁業の構想

4・1　基本構想

　ここでは，これまで述べてきた情勢判断や検討を基礎に中層トロール漁業を日本近海域漁場に導入することを検討した結果を示す．これは，2004年度水産庁補助事業の水産業構造改革加速化技術開発事業（漁船漁業構造改革関係分）の一環（未利用水産資源を利用する新漁業システムモデルと新型漁船（工船）の開発：はねうお食品株式会社とニチモウ株式会社が主体となって作業）として行われたものである．現在も①対象とする未利用資源の潜在量の把握，②適切な漁法の選定，③工船における採算性の高い製品の選定，④漁船の概要設計，⑤工船漁業の経営シミュレーションなどの項目について，広い異分野の関係者が知恵を出し合って検討作業を進めている．基本構想としては下記の点があげられる．

①長さ60m程度（総トン数1,000～2,000トン前後）の北欧型のトロール漁船．

②主要装備：表中層トロール（網口幅60m×60m以上，最大目合18m以下），ITIシステム（オートテンションウインチ，コットセンサーなども含む），全周ソナー，計量（スプリットビーム式）魚探，トロールソナー，フィッシュポンプ，海水冷却装置，急速冷凍機（フリーザー），冷凍倉庫，フィッシュミール製造設備，魚体選別機，フィーレ製造機械，その他．

③操業海域：漁場は北西・中央北太平洋海域（主に公海域）．

④漁獲対象：カタクチイワシ，サンマ，アカイカ，シマガツオ，深海性浮魚類，その他．

⑤漁獲物処理と生産品目：フィッシュミール（カタクチイワシ，ジャミ・小型サンマ原料），冷凍サンマ（大型・中型：高品質品），冷凍アカイカ，シマガツオ（冷凍フィーレ）ほか．

⑥運搬：原則運搬船の利用を想定する．

⑦連続航海日数：無補給で30〜60日程度．

⑧乗組員：15名程度を想定．

　対象魚種はサンマ，カタクチイワシ[5]，アカイカ[6]，シマガツオなどのように資源水準が高いものとした．海域は北西太平洋公海域とし，なるべく他の漁業との競合関係が少ない海域を選んだ（図8・6）．漁船は，長さ50〜60m程度の北欧型のトロール船を考える．この程度の大きさであれば，時化に強く，色々な加工・保蔵設備を搭載できると思われる．基本的には冷凍設備とフィッシュミールを作るプラントを併設する．漁獲設備は中層トロールを基本装備とする．操業方針は，価格の高い大型サンマ・アカイカなどは極力高品質で一定の規格に従った冷凍品を船上で製造する．中・小型サンマやカタクチイワシはフィッシュミールに加工して保蔵する．製品は原則として，運搬船を雇って陸揚げする．これにより港までの往復の時間・費用を節約する．製品数量がそれほど大きくないので，運搬船は数隻に1隻で間に合うと考えた．

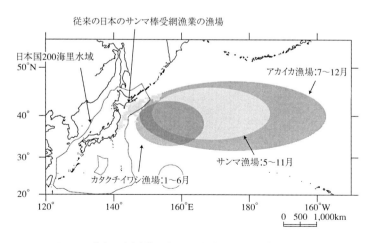

図8・6　基本設計を行うに当たって想定した漁場と資源の分布

4・2　採算性の検討

基本モデルに対する経営シミュレーションについては，社団法人漁船協会で作成された「経営・操業計画策定支援システム」[7] を用いた．このシステムは漁場距離や出漁日数，船価，燃油価格，人件費など，多くの要素を総合して採算性，具体的には生産原価や純利益，損失などを計算できるようになっている．計算の前提条件として，基本構想に実際の漁船の建造例などを参考にして以下のようにした．①総トン数379トン，4,800馬力，②北欧型を基本とした浮魚トロール，③加工保蔵設備はフリーザーと冷凍庫，④操業期間年間270日（休暇60日，ドック30日），⑤乗組員16名，月給30万円，⑥操業は1日5回，サンマ1日45トンを漁獲，⑦漁獲物は選別機にかけてサイズ別に冷凍，⑧運搬船は使用せず，自船で水揚げ港へ運搬，とした．ここでは，検討の初年度であるので，簡単のため船内加工設備はフリーザーおよび冷凍庫だけで，運搬船を使用せずに自船で生産物を漁港へ運搬・水揚げすることにした．以下に検討結果の一端を示した．

1）船価と減価償却期間が採算性（純利益）に及ぼす影響

魚価を平均キロ当たり60円（中型サンマ1尾の原価約6円）とし，漁場までの平均航海距離を250海里とした場合に，船の建造価格を横軸，減価償却期間を縦軸にとって図上に純利益の額を等高線で表した（図8・7左）．当然のこ

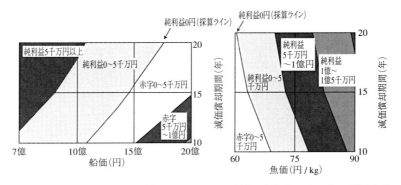

図8・7　「経営・操業計画策定支援システム」を用いて採算性を検討した例．左：平均魚価をキロ当たり60円（中型サンマ1尾の原価6円），漁場までの平均航海距離を250海里に固定した場合の船の建造価格と減価償却期間が純利益に与える影響．右：船価を10億円，漁場までの距離を750海里に固定した場合の，魚価と償却期間が純利益に与える影響．いずれも純利益は等高線で示した．

とながら船価が高く，償却期間が短いと採算性は悪く赤字になる．船価が15億円程度の場合には，償却期間は15〜20年程度必要なことがわかった．379トン型の北転船が盛んに建造されていたころには，建造価格20億円以上，償却は10年以下だったので[12]，この基準でいけば，従来は大変厳しい採算条件で漁業経営が行われていたことがわかる．

2) 魚価と償却期間が採算性に与える影響

　船価を10億円，漁場までの距離を750海里に固定した場合の，魚価と償却期間が純利益に与える影響を示した（図8・7右）．横軸は魚価，縦軸には償却期間をとり図上には純利益を等高線で表した．魚価が安く，償却期間が短いと採算割れを起こすことがわかるが，魚価の影響が強く，kg単価75円程度あると採算が取りやすいことがわかる．魚価75円は中型サンマ1尾の原価約7.5円，大型サンマの原価が9円程度の金額である．

　いろいろな解析結果をまとめると，船価は10億円以下，原価償却期間20年，魚価75円以上であれば，漁場までの距離が750海里以上あっても大幅な利益が期待できることが判明した．ちなみに，欧米諸国の漁船の償却期間は20年程度，船価も日本漁船より安いとされており，欧米の沖合漁業の経営状態が良好な理由として，効率の高い漁法が導入されていること以外に，ここに示したような船価や減価償却期間が長いことが大きな影響を及ぼしているものと思われた．

§5. おわりに

　最後に今までの検討結果を総合して，本格的中層トロールの企業化に必要な6項目をあげたい．これらの項目は中層トロールのみならず日本の沖合漁業の再生に必要な事柄であることを強調しておきたい．

　第1に，漁獲技術の開発・導入である．ここでは中層トロールの導入であるが，中層トロールに限らず高効率の漁獲技術を追求していかなければならない．

　第2に，獲った後にこれを高い価格で水揚げすることが重要である．保存性が高く（基本は冷凍・船上加工），多くの人が利用しやすい形に加工し，製品の高品質化，規格化を進める必要がある．

---

[12] ニチモウ（株）内部資料

第3に，世界的な魚不足に対応して日本産浮魚類の販路拡大を行う必要がある．販売先も国内市場から国際市場をメインに考えていく必要がある．

第4に，初期投資と経費をできるだけ抑えることが大切である．すなわち減価償却期間の延長と船価・装備の大幅な抑制が必要である．

第5に，中層トロールで多魚種を弾力的に漁獲できるような法的枠組みを整備する必要がある．現在の魚種別，漁業種類別の細かい漁業規制は緩和する必要がある．

第6に，適切な資源管理によって良好な資源を造成する必要がある．たとえば，マサバであるが，高齢の大型魚の資源量が増えれば，価格の高いノルウェーサバのような製品を大量に作れることになる．

これらの6つの要素のどれが欠けても中層トロールの企業化や沖合漁業の経営安定化は成功しない．また，これらの事柄は，中層トロールに限らず漁船漁業にかかる国の政策全体にかかるものである．逆に従来の漁業ではこれらの条件がどれも満たされていないのではないだろうか．漁法はともかくとして，生鮮水揚げに偏って国内市場しかみていない水揚げ・販売体制，高価な船体・漁労設備に短い償却期間，縦割りで不必要な細かい制限の多い漁業規制，資源管理体制の不備など漁業が不振にならない方がおかしい．漁具漁法の革新を含む漁業システムの全体的な改革を行うことによって初めて，レジームシフトなどに伴う資源変動に対して頑健な安定した漁業経営が達成できると考える．

文　献

1）木下弘美：最近の欧米のトロール漁業について，平成14年度水産工学関係試験研究推進会議漁業技術部会講演集，水産工学研究所，2003，pp.5-8.

2）東北区水産研究所八戸支所：2003年漁況の経過，第53回サンマ等小型浮魚資源研究会議報告，東北区水産研究所，2004，pp.96-116.

3）水産庁増殖推進部編：わが国周辺水域の漁業資源評価（平成12年度），水産庁，2002，821pp.

4）中井　昭（監修）：さんま漁業の歩み，全国さんま棒受網漁業生産調整組合，1981，321pp.

5）水産庁増殖推進部編：わが国周辺水域の漁業資源評価第1分冊（平成15年度），水産庁，2002，449pp.

6）水産庁：平成15年度国際漁業資源の現況，水産庁，2004，435pp.

7）土屋　孟：平成12年度経営・操業計画支援システム開発委託事業（近海かつお1本釣り漁船を対象とする）報告書，社団法人漁船協会，2001，82pp.

9. 共同操業による多魚種資源の弾力的利用と管理

馬 場　治*

　本稿の問題意識は，不確定に変動する水産資源に対して，いかなる漁業構造の構築を目指すことが適切かという点である．この問題意識の下での検討において，その対象として想定しているのは日本の沿岸漁業である．今日の日本の沿岸漁業が置かれている主な条件をあげると，①多魚種資源を対象とした操業，②大きな設備投資，③雇用確保の困難性，④労働力の流動性の低さ，⑤地域経済との強い結びつき，などである．これらの条件は一面では日本の漁業構造の安定性をもたらしていると考えられるが，一方では漁業構造が硬直化し，資源や労働力を含む漁業の経営環境の変化に対する柔軟な対応を困難とする要因ともなっている．本稿は，これらの条件の中でもとくに多魚種資源の利用という条件を念頭に置き，この条件下で漁業経営の維持存続を図るための課題と方向性を検討しようとするものである．したがって，この検討は資源管理の視点というよりは，漁業経営の観点から行うこととなる．

§1. 資源管理の諸類型とその性格

　現在の日本漁業における資源管理のあり方を，1）自主的管理，2）TAC管理，3）TAE管理の大きく3つに類型化して考えてみると，それぞれの特徴は次のとおりである．

　1）**自主的管理**：日本において伝統的に行われてきた管理手法であり，水産庁によって推進されてきた資源管理型漁業の基礎ともなったものである．その性格から今日ではcommunity based fishery managementの一例とされ，管理手法としての有効性が世界的に再評価されるようになってきた．自主的管理では，基本的に当事者がルールを作成するために，そのルールに関する遵守度は高いという傾向がある．しかし，一方で当事者によって作成されるがゆえに，そのルールは当事者達に対しては緩やかなものにならざるを得ない．したがっ

---

　* 東京海洋大学

て，対象資源の豊度との関係では過剰な漁獲能力あるいは漁獲努力量が存在する場合であっても，自主的管理の下では漁獲努力量の管理が必ずしも適切に行われるとは限らない．しかし，自主的管理組織はその組織構成員間の結びつきの強さゆえに，条件によっては資源管理において極めて有効に機能する場合がある．

2）TAC（Total Allowable Catch：漁獲可能量）管理：科学的な資源評価に基づいて決定されるTAC管理は，理論的に明快であり，その管理効果についても理解しやすい．しかし，資源評価そのものが容易ではなく，資源量推定値の誤差の幅が大きいという現状では，現実の管理効果は必ずしも期待されたほどではない．また，漁業者がTAC管理の下での規制から逃れようとして，漁獲物の洋上投棄などの違反行為に及ぶ傾向があるという問題点も依然として存在する．

3）TAE（Total Allowable Effort：漁獲努力可能量）管理：現在水産庁が各水域で強力に推進している資源回復計画と並行して進めているTAE管理は，資源管理型漁業の拡大版としての性格をもち，漁業者にとっては比較的受け入れやすい条件を有する手法である．しかし，現段階では減船や休漁措置を含むTAE管理の効果的な実施のためには行政からの財政支援を必要とする状況である．

以上の資源管理のあり方を漁村地域との関係で考えてみよう．

自主的管理は，先述したように漁業者にとっては緩やかな管理となることが多く，過剰な漁獲能力の削減を追求することはせず，結果的には漁村地域社会の既存構造の維持を優先することとなる．すなわち，漁村共同体を基盤とする自主的管理のもとで経営体の淘汰を目指すのではなく，平等主義に基づく共同体全体としての生き残りを図ろうとするものであるといえよう．

TAE管理は，資源管理型漁業の拡大版との指摘もあるように，地域社会の既存構造維持を図ろうとする性格を帯びているが，同時に減船などを含む構造政策の側面も重要な要素となっている．今日進められている資源回復計画では達成されるべき明確な資源目標が設定されているが，資源回復後の漁業構造にまで構想が及んでいない点に問題がある．

TAC管理は，沿岸地域に存在する大部分の小規模漁業には適用困難であり，

その点では地域社会との関連は希薄といえる．また，適用可能な場合にも，設定されたTACを達成するための漁獲努力量の調整メカニズムが必要であり，地域内ではその調整が大きな問題となる．

§2．多魚種資源利用の課題とそれへの対応

　日本の沿岸漁業の特徴の1つとしてあげた多魚種資源の利用には次のような課題がある．多魚種資源の利用に対応するためには，多様な兼業業種を組み合わせる必要があり，その結果，個別の資源変動に対する経営体のリスク分散が行われることになる．それによって安定的な経営が実現され，多魚種資源利用は漁業構造の安定的な維持をもたらす一要素として機能してきた．しかし，このことは反面では多様な兼業形態の存在のために，それぞれの経営体が依存する主要資源が互いに異なり，経営体間での資源利用をめぐる利害調整が困難となる状況をもたらしている．それゆえ，特定資源だけに焦点を当てた資源管理を進めることは容易ではない．

　このような日本の沿岸漁業における資源利用状況を前提とすれば，共同操業を用いた資源管理への対応が有効な手法の1つと考えられる．本稿の趣旨は，資源管理という目的に対して共同操業がいかに機能し，どこに課題があるのかを検討しようというものであるが，それに先立ちまず共同操業の概念を明確にしておく必要がある．操業の共同化の水準には，様々な程度が考えられる．共同化の程度を，低いものから高いものまで例示的に示すと，次のようになる．

　　低い　・生産手段の個別所有，漁労作業の部分的共同化，個別販売
　　　⇩　・生産手段の個別所有，漁労作業の完全共同化，共同販売
　　　　　・生産手段の共有化，漁場や生産手段の輪番使用，共同販売
　　高い　・生産手段の共有化，漁労作業の分業化，共同販売

　緩やかな共同化の例では，漁船や漁具などの生産手段は個別経営体の所有物であり，漁労作業の一部のみの共同化を行い，総体としては個別生産に近く，漁獲物の販売も個別経営体ごとの対応となる．一方，高度な共同化の例では，生産手段は集団（共同化組織）の共有物であり，作業も構成員間で分業体制を

とり，漁獲物の販売も集団としての対応となる．このように様々な水準の共同操業が考えられる中で，日本の沿岸漁業のおかれている現在の条件の下で，資源管理の面から有効に機能すると考えられる共同化形態の1つとしてプール制による共同操業方式の意義について次に検討する．

§3．プール制共同操業の実態概況

プール制（あるいはプール計算制）とは，一定の操業体制の下で，個別漁業者の水揚金額を一旦プールし，それを一定の配分基準に基づいて個別漁業者に再配分する方式のことである．プール制を分析する際の重要な視点として，操業体制，生産手段の所有関係，所得分配の3点が考えられる．プール制は，集団的な共同操業体制の下で導入されることが多いが，個別操業の下で実施される例もある．漁船，漁具などの生産手段の所有関係は，多くの場合個別所有であるが，先述したように共同の程度が高まると共有化されることもある．所得の分配には，均等配分と傾斜配分があるが，共同操業を伴う場合は均等配分が一般的である．各種の形態が考えられるプール制操業の中でも，資源の弾力的利用という面で有効であると考えられるのは次のような形態である．生産手段は個別所有（漁具について共有もある）であり，共同操業により漁場利用調整，漁獲努力量調節を実施し，場合によっては漁獲量調節も行い，プールした水揚金額は均等配分されるという形態である．

プール制組織の実施実態を漁業センサスの統計によって見たのが表9・1であ

表9・1 決済方法別の漁業管理組織数とその割合

| 年次 | 個人決済 | プール決済 | | | | その他 | 総計 |
		計	単純配分	加重配分	その他		
1988	1,185	147	81	61	5	7	1,339
（％）	（88.5）	（11.0）	（6.0）	（4.6）	（0.4）	（0.5）	（100）
1993	1,266	238	129	100	9	15	1,519
（％）	（83.3）	（15.7）	（8.5）	（6.6）	（0.6）	（1.0）	（100）
1998	1,424	294	144	129	21	16	1,734
（％）	（88.6）	（18.3）	（9.0）	（8.0）	（1.3）	（1.0）	（108）
2003	1,403	195	—	—	—	10	1,608
（％）	（87.3）	（12.1）				（0.6）	（100）

資料）第8～11次漁業センサスより．
注）第11次センサス（2003年）ではプール決済の内訳は報告されていない．

る．漁業センサスは，1988年の第8次センサスから漁業管理組織に関するデータを徴集しており，その中に，管理組織における漁獲物の決済方法を個人決済とプール計算に分けて，それぞれの組織数を示した統計がある．センサスにおけるプール計算組織は必ずしも本稿で想定しているプール制共同操業組織を表しているわけではないが，傾向的な動向は把握できると考えられる．表によれば，プール計算を実施する漁業管理組織は1988年から1998年にかけては実数，構成比ともに一貫して増加してきたが，2003年の調査では実数，構成比ともに減少している．しかし，依然としてプール計算を導入している管理組織は決して少なくないことがわかる．漁業センサスの，プール計算組織の漁業種類別統計によれば，底曳網（小型底曳が中心）や刺網，採貝採藻漁業にプール計算組織が多いことがわかる．漁業センサスとは別に，社団法人日本水産資源保護協会が保有する「資源管理組織データベース」（以下，管理組織データベースという）では，より詳細な内容が記載され，プール制組織も本稿が想定しているプール制組織にほぼ沿ったものが取り上げられている．このデータベースでは，49のプール制組織がとらえられており，その漁業種類別内訳をみてもセンサスと同様に底曳網（貝桁網が主）や採貝採藻，刺網が中心となっている（表9・2）．

　このようなプール制組織で実施されている管理手法を管理組織データベースで見ると，サイズ規制が最も多く，51％の組織で行われている．以下，操業時間規制（43％），漁獲量規制（39％），禁止区域設定（39％），共同操業（37％），操業日数規制（37％），漁具規制（37％）と続いている．一般的な規制措置が多い中にあって，漁業者の操業を束縛することになる共同操業が取り入れられているのはプール制を前提としているからこそ実現できているとも考えられる．

　また，同じく管理組織データベー

表9・2　漁業種類別プール制組織数

漁業種類	組織数	構成比（%）
底曳網	21	42.9
（内，貝桁網）	（19）	（38.8）
採貝採藻	11	22.4
刺網	9	18.4
船曳網	5	10.2
かご	2	4.1
延縄	2	4.1
まき網	1	2
プール制組織総数	49	

資料）社団法人日本水産資源保護協会「資源管理組織データベース」に各種調査報告のデータを追加して作成した．
注）1組織が複数の漁業種類を含む場合もあるので組織数の合計は組織総数を超える．

スでプール制組織における管理効果に関する評価を見ると，49組織中の過半数（53％）の組織で漁獲量の維持安定に効果があると評価されている．次いで管理効果として高く評価されているのが魚価維持・安定（39％），以下，操業秩序維持（29％），経費節減（20％）の順である．魚価維持安定や経費節減などの点が高く評価されていることは，プール制組織が資源管理とともに経済的効果の面においても有効であることを示しているといえよう．

§4．プール制操業の事例とその分析結果

プール制操業の実例として調査分析されたいくつかの例をあげると，秋田県北部漁協の底曳網によるハタハタ・マダラ操業，青森県三沢市漁協のウバガイ貝桁網漁業，富山県新湊漁協のシラエビ底曳網漁業，茨城県鹿島灘海域のチョウセンハマグリ貝桁網漁業，千葉県海匝漁協のチョウセンハマグリ貝桁網漁業，静岡県駿河湾におけるサクラエビ船曳網漁業，山口県須佐漁協の小型まき網漁業などがある．全般的には定着性の貝類を対象とする例が多いが，サクラエビやイワシ（まき網漁業の対象）などの浮魚的な資源を対象とする例もある．これらの中からいくつかの事例を紹介する．なお，プール制の事例分析に基づく機能やその意義については，長谷川[1]，平沢[2]などがあり，また事例を詳細に分析したものとしては，馬場・長谷川[3]，馬場[4]などがある．

1）秋田県北部漁協の底曳網漁業の事例

当漁協所属の底曳網漁船（沖合底曳，小型底曳）は9月から6月までの操業であるが，そのうち12月はハタハタ，1〜2月はマダラが主要対象となる．これらの資源は豊度の低下とともに漁場も狭くなり，また収益性が高いために狭い漁場に漁船が集中することになる．その結果，漁船間の競争が激しくなることからハタハタ，マダラの期間に限って漁場利用を共同で行い，水揚金額のプール計算を行っている．狭いハタハタ，マダラ漁場に全船が入ることができないので，この時期にはハタハタ，マダラ漁場以外で操業する船もプール計算に参加する．

2）鹿島灘海域のチョウセンハマグリ貝桁網漁業の事例

鹿島灘海域でチョウセンハマグリやウバガイを貝桁網で漁獲する漁船は，これ以外にも船曳網，刺網，たこつぼなど多彩な業種を兼業している．チョウセ

ンハマグリは近年の豊度の低下につれて漁場が狭くなり，鹿島灘海域に約250隻ある貝桁網漁船を同時に収容することは困難な状況となっている．同海域では終戦後の漁業制度改革以来，チョウセンハマグリの分布する共同漁業権が広域にわたって共有となっており，現在4漁協が共有している．この4漁協間で狭いチョウセンハマグリ漁場の輪番使用と各地区（大洗地区，鹿島灘漁協地区，波崎地区）ごとのプール制操業が実施されている．ここでのプール制操業の重要な効果は，従来は卓越年級群が発生すると短期間で資源を取り尽くしていたものが，共同操業に移行してからは次の卓越年級が発生するまで時間をかけて漁獲するようになり，より安定的な操業ができるようになったことである．チョウセンハマグリ操業に出漁する日数は近年では1隻当たり年間10日程度できわめて限られた日数であり，この期間だけにプール制が行われている．このプール制操業は当初，魚価維持を主要な目的としていたが，次第に資源管理意識も高めてきている．

3）駿河湾サクラエビ船曳網漁業の事例

　駿河湾でサクラエビを漁獲する漁船の兼業形態は地域により異なるが，典型的にはシラス船曳や刺網などを兼業するタイプが多い．サクラエビ操業は4〜6月の春漁，10〜12月の秋漁の年間2漁期に行われるが，このサクラエビ操業期間だけは共同操業に基づくプール制を実施し，サクラエビ漁期以外のシラス船曳や刺網に関しては個別操業を行っている．サクラエビの好漁場は濃密な魚群が形成されている海域であり，この漁場の広さは限られていることから，サクラエビ漁船120隻の漁場確保競争は熾烈を極める．また，かつての自由競争時代の豊漁時に魚価暴落を経験していることから，狭い漁場の集団的利用とその下での漁獲量調節を目指してプール制を実施している．このプール制共同操業は，当初は経費節減や魚価維持を主要な目的としていたが，その目的のために漁獲量調節を進める過程で次第に資源管理という意識も高まってきた．

　これらの事例分析を通じてプール制が導入される背景，プール制が成立する条件，プール制の効果，プール制の問題点などが明らかとなった．なお，これらの詳細については馬場[5, 6]を参考にされたい．

§5. 資源利用におけるプール制共同操業の意義と課題

　以上のプール制共同操業の実例に見られた資源利用のあり方から，共同操業によって実現可能と考えられる資源利用のあり方を改めて検討してみる．ここでは，沿岸漁業の多魚種資源利用という特性から，個別魚種を対象とする直接の漁獲量規制が困難であることを前提として検討を行う．このような条件の下では漁獲努力量の制限が現実的な対応となるが，これを個別経営体への対策として行おうとすると困難が伴う．たとえば，減船ではその補償が問題となり，また強制的な休漁では，それに伴う収入補填が問題となる．さらに，一旦減船してしまうと資源の回復後に漁業を再生することは困難となる．そこで考えられるのが低豊度資源に対してプール制共同操業を導入することにより，集団的対応で漁獲努力量削減を実現する方法である．一方で，その必要のない資源に対しては依然として個別操業を続ける．集団的対応の中で，漁獲量調節も可能となり，魚価維持効果も期待できる．このような共同操業の下で資源管理効果が発揮され，資源が回復して個別操業に移行できる状況となった時に共同操業を解消する．いいかえれば，多魚種資源利用の中で，豊度の低下した資源の漁獲時にはプール制共同操業で資源保護と経営体の存続を図り，特段問題のない資源の漁獲時には個別操業に委ねるという方法で資源管理を実現しようという方法である．

　このようなプール制共同操業の意義を資源利用と地域経済の観点から考えると次のようになる．プール制共同操業は，プール制組織による資源の集団的利用を通じて擬似的にsole ownership（単独所有）を実現するものであり，これを通じて漁業者集団としてあるいは地域全体としての生き残りを図ろうとする取り組みである．いいかえれば地域経営主義とでも呼べよう．一方，近年世界的に導入の進んでいるITQ（個別譲渡割当制）制度は，個別競争漁獲を前提として市場原理主義の下で個別経営体によるsole ownershipを実現しようとするものである．その点で，地域経営主義に対して個別経営主義と呼べる．

　また，漁業構造の再編という視点から見たプール制共同操業の意義は次のとおりである．単純な市場原理主義に基づく急進的な漁獲努力量調節は，減船や漁業者の減少などによる地域経済への影響が大きいと考えられる．同時に，このことに伴って発生する社会的コストという観点からも決して好ましいもので

はない．管理手法の選択により，漁業構造を少数の大規模な高収益経営体に再編していくのか，多数の小規模な経営体として残すのかという2つの途が考えられる．その点で，プール制共同操業は少数の高収益経営体を創出するのではなく，地域内で培われてきた協調性に依拠して地域産業としての再編を図る方策となりうると考えられる．

　プール制共同操業は以上のような重要な意義をもつ一方で，狭義の資源管理効果という観点からは多くの課題を抱えた手法である．最も大きな問題点は，プール制共同操業が生産者の自主的な取り組みであるがゆえにそこで実施される規制措置は比較的緩やかなものにならざるを得ないという点である．このような制約を抱えるプール制共同操業ではあるが，将来の効果的な資源管理につながる道筋を示すというという点で意義の深い手法であると考えられる．

文　献

1）長谷川　彰：「資源管理型漁業」におけるプール計算制の意義，日本漁業の再編成PART1，東京水産振興会，1984，pp.63-107.

2）平沢　豊：プール制の機能と一般的性格，日本漁業の再編成PART2，東京水産振興会，1985，pp.3-55.

3）馬場　治・長谷川　彰：駿河湾サクラエビ漁業におけるプール制管理の経済効果，漁業経済研究，**34**，1-25（1990）.

4）馬場　治：漁業管理下での生産組織と分配の再編，漁業経済研究，**37**，1-20（1992）.

5）馬場　治：市場限界のもとでの漁業管理の意義－駿河湾サクラエビ漁業におけるプール制管理よりみて－，漁業管理研究（廣吉勝治・加瀬和俊編），成山堂書店，1991，pp.176-186.

6）馬場　治：プール制とその問題点，水産資源・漁業の管理技術（北原　武編），恒星社厚生閣，1998，pp.87-96.

10. 北東アジアの新漁業秩序と漁業管理
－日中韓を中心として－

片 岡 千 賀 之[1]

　日本，中国，韓国が200海里体制に移行したのは，1996年に国連海洋法条約を批准し，新しく漁業協定（中・韓は初の協定）を結び，それが発効する1999～2001年である．さきに制定していたロシア，北朝鮮を合わせ，21世紀初頭に200海里体制が北東アジア全域に広がったことになる．

　日中韓には領土問題や大陸棚の境界をめぐる対立があって，排他的経済水域（Exclusive Economic Zone．以下，EEZという）の境界画定ができないので，200海里体制は漁業に限定し，境界画定ができない海域を両国の共同管轄水域（名称は様々．以下，共同利用水域という）とするなど変則的である．新漁業秩序がスタートして数年間は経過的措置がとられたので，確立するのは2005年前後になる．

　本稿は，200海里体制が確立しようとする今日，北東アジアのうちでも日中韓の新漁業秩序がどのように形成されたのか，新漁業秩序の性格や特徴は何であり，どの方向に向かっているのか，さらに，新漁業秩序のもとで日中韓の漁業管理がどのように行われ，課題は何かを考察するものである．

　日中韓の漁業関係のなかでも東シナ海・黄海は3ヶ国が相対し，3つの新漁業協定が交差する海域である．そこは，日本にとっては漁場の一部に過ぎないが，中国と韓国にとっては漁獲量の約半数を占める重要漁場となっている．

§1. 新漁業秩序の形成過程
1・1　新漁業協定の締結

　200海里体制に向けて動き出したのは，日中韓が1996年に国連海洋法条約を批准し，EEZを設定してからである．領土問題（日韓の竹島，日中の尖閣諸島），大陸棚の境界をめぐる対立などがあって3ヶ国のEEZが重複するので，

[1] 長崎大学水産学部

新漁業協定を結ぶまでは適用を除外しつつ，協議が進められた．新漁業協定が
発効するのは，日韓が1999年1月，日中が2000年6月，中韓が2001年6月
であって数年間を要したし，その後，協定の有効期間である3年，ないし5年
は本格的な新漁業秩序のための経過的措置がとられた[1-3]．

　漁業協議が長引き，新漁業協定の発効が遅れた背景には，漁業勢力の違いに
よる利害対立があった．沖合漁業に焦点を当てて3ヶ国の勢力を1990年と
2002年でみると，中国は東シナ海・黄海での漁獲量は316万トンから830万
トンへ，沖合漁業（国によって沖合漁業の名称，定義が異なる）全体は115万
トンから509万トンへと飛躍的に増加した．漁業の飛躍的発展は，韓国や日本
の漁船を駆逐しながら，両国の近海へと漁場を拡大した過程であった．

　韓国の沖合漁業の漁獲量は117万トンから77万トンへと減少した．底曳網
類，まき網，その他漁業に分けてみると，いずれも減少しているが，底曳網類
（ほとんどが東シナ海・黄海での操業）の減少は，資源の減少と漁獲競合の激
化，とりわけ中国漁船による圧迫が原因といえる．

　日本の東シナ海・黄海における主な沖合漁業は以西底曳網と大中型まき網で
あるが，漁獲量は前者は8万トンから1万トンへ，後者は48万トンから15万
トンへと激減している．まき網の漁獲減少は資源変動によるものだが，底曳網
の衰退は資源の減少と中国，韓国漁船との漁獲競合に敗れた結果である．日本
海の沖合漁業も浮魚漁業，底魚漁業ともにほぼ同様な理由で縮小している．

　3ヶ国の沖合漁業の勢力は，かつての日本＞韓国＞中国といった序列が完全
に逆転して中国＞韓国＞日本となり，その格差が急激に開いている．底魚漁業
（典型は底曳網）では同一の資源をめぐって直接競合が起こっているが，浮魚
漁業（典型はまき網）では資源変動の波が大きく，日本と韓国のまき網の漁獲
動向は相似している．すなわち，一方の漁獲が他方の漁獲を減らすといった関
係はないか，あっても弱い．

　漁業協議では，中国は自国の漁業が大きく規制されるため，実施時期の先延
ばし，入漁の確保，EEZは狭く，共同利用水域（管轄権は両国にあるが，取
り締まりは自国漁船を対象とする旗国主義）を広くすること，手厚い経過措置
を主張して打撃の緩和を図った．反対に漁業勢力が最も弱い日本は，韓国，中
国どちらに対しても新協定を早期に締結し，自国水域から外国漁船を規制・排

除して資源や自国漁業の保護，とくに競合の著しい底魚漁業の存続を目指した．この点で韓国の立場は二律背反的で，中国に対しては規制の強化を，日本に対しては規制の緩和を主張した．漁業協議では協定の実施時期，協定の対象水域（協定水域），相互入漁がセットで話し合われ，妥協が図られた．

日中韓の3つの新漁業協定は，北東アジアに200海里体制を波及させた画期的な海洋秩序の改編である．それにしても，漁業に限定した協定であり，EEZだけでなく共同利用水域などが設けられたし，2国間協定であることから，東シナ海・黄海ではそれぞれの水域が重複したり，水域によって制度が異なっていて全体の統一がとれていない．

1・2　協定水域の設定

各々の新漁業協定は国連海洋法条約に基づいて相互のEEZを認め，各国が主張するEEZが重複する場合は，領土やEEZの境界画定に影響を及ぼさないとした上で，その水域を両国の共同利用水域としている．

図10・1で示すとおり，共同利用水域は，日韓では日本海に北部暫定措置水域（韓国は中間水域と呼ぶ），東シナ海に南部暫定措置水域（両国でその範囲の認識が異なり，日本は日中の暫定措置水域と重ならないようにしているが，韓国は一部重複するように伸びている）が設けられ，中韓では東シナ海・黄海に暫定措置水域とその両側に過渡水域を設定している．過渡水域は協定発効4年後（2005年7月）に両国のEEZに編入されるとした．日中は東シナ海に暫定措置水域を設け，また台湾問題，領土問題を避けるために北緯27°以南は従来の操業秩序を継承する（新協定の適用除外）とした．

3ヶ国が相対する東シナ海・黄海ではEEZと共同利用水域がモザイク状となり，その一部は重複している．共同監視・取り締まりが行われていないので，共同利用水域で第三国の漁船に対する取り締まりがどのように行われるのかははっきりしない．

さらに，東シナ海・黄海には，EEZや共同利用水域に覆い被さる形で日中，中韓の現行操業維持水域が設定されている（図10・1では省略）．日中の現行操業維持水域（中間水域と呼んでいる）は日中の共同利用水域の北側に，中韓の場合は両国の共同利用水域の北側と南側に設けられた（ただし，その一部海域は禁漁とした）．その性格については，重複する第三国のEEZや第三国がかか

わる共同利用水域の管轄権とどのような関係にあるのか不明だが，両方とも中国が関係するので中国の打撃を緩和する措置であることは間違いない．

1・3　EEZ の相互入漁と漁獲割当て

共同利用水域の設定でEEZの範囲は本来より随分狭くなった．そのEEZ内ではそれぞれが資源の再生産を上回る漁獲能力を有し，外国漁船に漁獲させるだけの余剰はないものの，従来の経過を考慮して相互入漁をとることとした．入漁は，相手国の法令，漁業規則を遵守して行なわれる．相互入漁の漁獲割当てをめぐっても，漁業勢力の弱い国は資源に余裕がないことを楯に割当量を減

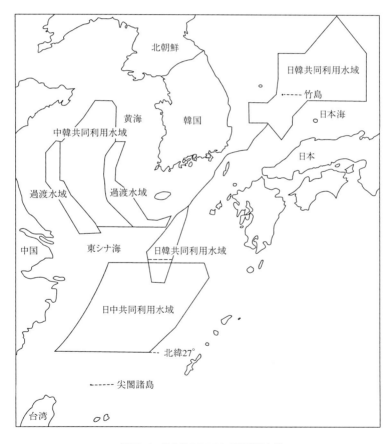

図10・1　日中韓のEEZと共同利用水域

らし，等量の原則を主張したのに対し，漁業勢力の強い国は実績確保と等量時期の先延ばしを図った．妥協点は，漁業勢力の弱い国の実績を基準にして，初年度の割当ての差を2倍未満にする，新協定の有効期間である数年のうちに割当量を等量にする，ことであった．

　表10·1に漁獲割当ての推移を示すが，実績（推定）に対する初年度の割当量は，日韓では韓国は約20万トンが約15万トンに，中韓では中国は約50万トンが約11万トン（年間ベースに換算）に，それぞれ大幅に削られている．その差がすべて削減されたというわけではなく，共同利用水域が設けられて打撃が緩和された．日中では割当量の差は小さいが，これは日本の大中型まき網が実績というより漁場確保のために相応の割当量を求めたことによる．

　漁獲割当ての等量原則は，漁業勢力の強い国への割当量から資源の減少が著しい底魚，自国の漁業とトラブルを起こす漁業，漁獲可能量（Total Allowable Catch．以下，TACという）管理をしている魚種を削減する形で進んだ．現在では等量からさらに縮小均衡へ進みつつある．中韓では2005年でも等量になっていないが，等量は既定路線である．

　入漁実績はかなり低い．その時々の魚群の形成，入漁における各種手続きと出入域や漁獲の通報といった煩わしさと違反した際の拿捕・罰則の危険性，漁

表10·1　日中韓の入漁隻数と漁獲割当量の推移

			1999 年	2000 年	2001 年	2002 年	2003 年	2004 年	2005 年
日韓	韓国の入漁	隻	1,704	1,664	1,464	1,395	1,232	1,098	1,086
		トン	149,218	130,197	109,773	89,773	80,000	70,000	67,000
	日本の入漁	隻	1,601	1,601	1,459	1,395	1,232	1,098	1,086
		トン	93,773	93,773	93,773	89,773	80,000	70,000	67,000
日中	中国の入漁	隻		1,122*	1,222	982	939	900	655
		トン		70,000*	73,000	62,546	54,533	47,266	12,711
	日本の入漁	隻		710*	575	575	575	575	570
		トン		70,800*	70,300	62,546	54,533	47,266	12,711
中韓	中国の入漁	隻			2,796**	2,531	2,250	2,100
		トン			164,400**	93,000	83,000	77,500
	韓国の入漁	隻			1,402**	1,402	1,402	1,600
		トン			90,000**	60,000	60,000	68,000

　* 　日中の 2000 年は 6 ～ 12 月の半年．
　** 中韓の 2001 年は 7 月から 2002 年 12 月までの 1 年半．

獲の過小報告などが理由である．入漁実績が低いといっても，漁業勢力の強い国が高いし，浮魚漁業は変動が大きいのに対し，底魚漁業は安定しているのが一般的である．入漁実績が低いので，漁獲割当ての縮小均衡が成り立ちやすい．

漁業勢力の強い国への入漁割当量は，数年間で半分以下となり，新協定以前と比べると尚更で，各国の沖合漁業に占める地位も大きく低下している．新漁業秩序の形成によって漁場利用が大きく変化した．

相互入漁を断念したり，相互入漁では足りない漁船は，相手国の取り締まりを受けないし，相手国のEEZより近くにある共同利用水域で操業することになる．つまり，共同利用水域は新協定以前にも増して国際競争が演じられ，漁業勢力の強い国が独占的に利用するようになる．このことは底魚漁業で顕著である．

共同利用水域の資源管理は，漁業勢力の強い国の抵抗で遅々として進まないが，日中では国連海洋法条約を批准した1996年の水準に凍結する措置がとられた（その後の中国の発展を考えると削減につながる）．すなわち，中国は漁船2万隻，漁獲量210万トンに対し，日本は1,000隻，10万トンを上限（漁獲量は努力目標．隻数はその後両国とも200隻減らした）としている．東シナ海の中央部では日中の漁業勢力の差はこれほど大きかったのである．こうした規制によっても資源が乱獲から守られるとは限らない．日韓と中韓の共同利用水域では漁船隻数，漁獲量ともに規制されていない．

EEZ内への相互入漁，共同利用水域の資源管理については共同漁業管理委員会で協議される．3つの委員会が個々に対応するので，東シナ海・黄海では海域全体で整合性のある管理体系とはなっていない．

日中韓3ヶ国は，新漁業協定に向けて協議を進めるかたわら，自国周辺水域の漁業管理を強化している．以下では，漁業勢力が強く，その動向が注目される国の順に漁業と漁業管理について述べる．

§2．中国の漁業と漁業管理

2・1　漁業発展と新漁業秩序への対応

1980年代以降，中国の漁業は飛躍的に発展して，世界最大の漁業国となった[4]．海面漁業では動力漁船の増加，漁船の大型化・高馬力化によって韓国，

日本の近海へ進出する沖合漁業が発展した.

　その発展過程で様々な問題点も浮上してきた.不均衡な漁業発展・資源利用のため,沿岸から沖合へ,底魚から浮魚の漁獲へと政策誘導されたが,収益性が高い底魚の乱獲が続いた.資源の減少に伴う生産性の低下,魚種構成の悪化,魚体の小型化などで漁業収入が伸び悩んだのに,燃油価格の高騰,漁業に対する増税で漁業経営も悪化した.

　日本,韓国との新協定締結によって漁場の縮小,漁獲割当量の削減に直面すると,政府は1999年の海面漁業ゼロ成長宣言,2000年のマイナス成長宣言によって成長路線から持続的生産への転換を図った.その集大成が2000年10月の漁業法改正で,200海里体制のもとで,漁業許可制の強化,漁船検査の徹底と不法漁船の排除,夏季休漁制の強化,TAC制度の導入,管理・監視体制の整備など漁業管理の強化が謳われた.なお,TAC制度は未だ実施されていない.

2・2　夏季休漁制の実施

　1980年代後半から休漁制が一部で実施されたが,1995年から全面的な夏季休漁制となった[5].当初は底魚の産卵育成期である夏季の2ヶ月であったが,その後3ヶ月に延長している.稚魚を乱獲し易い底曳網(エビ曳網を除く)と張網が規制対象となった.中国で底曳網と張網は,海面漁獲量の65%を占める重要漁業である.

　漁業者の要望に基づいて行われたこともあって夏季休漁の参加率は非常に高い.参加率が高いのは,資源枯渇の危機感がある,休漁により漁獲増加,漁撈経費の削減,したがって漁業収益の向上という漁業者メリットがある,罰則規制が制定された,出入港を監視すればよく取り締まりがし易い,ためである.

　その効果として,夏季休漁の前と後を比較して漁獲量と生産性の上昇が広く確認されている.漁業コストの削減,とくに経営を圧迫している燃油と労賃の節減効果も大きい.一方で資源保護効果は当年限りで資源構造を抜本的に改善するに至らず,休漁明けになると一斉漁獲で幼魚も多獲され,翌年の休漁前には漁獲が少なくて出漁を中止するといった事態も起きている.対策として,対象漁業の拡大(対象外だったことで著しく増加したエビ曳網も休漁する),休漁期間の延長,漁獲能力の削減が検討されている.なお,夏季休漁は中国EEZ

内であれば外国の底曳網漁船にも適用される．

2・3　減船事業

　従来も漁獲能力の抑制が謳われたが，抑制どころか増大を続けてきた．2000年に初めて漁船調査が行われた結果，海面動力漁船数は244千隻，1,222万馬力である，1980年代後半以降に漁船建造ラッシュが続いたことがわかった．また，海面動力漁船は漁業許可証，漁船登録証，漁船検査証が必要だが，3つとも所持している漁船は隻数の52％，馬力数の75％に過ぎないこともわかった．このように漁船管理が杜撰で，とくに小型漁船の管理が行き届かなかった．

　減船は，新漁業協定で漁場が狭くなり，漁獲割当量も削減されたことから不可避になった．専門家が推計した適正漁船数は1980年代半ばの13万隻であったが，現実的な線として2002年から年間6,000隻，転業漁民5万人を5年間行なうことにした．漁船隻数の1割強で，新協定によって直接影響を受ける漁船数を上回るが，減船対象が漁業許可などをもっていない小型漁船や老朽船が中心だと隻数ほどには減船効果は現れないし，新漁業秩序に対応した漁業構造にもならない．減船事業は国と地方政府から補償金がでるが，その財源確保が容易ではないし，補償水準が低い，漁業者の転業・転職が難しい，などの理由から計画通り進んでいない．

§3．韓国の漁業と漁業管理

3・1　沖合漁業の動向

　韓国の沖合漁業の漁獲量は，前述したように1990年の117万トンをピークに増加から減少に転じ，2002年には77万トンとなっている[6]．沖合漁業には生産性の低い釣りなどを除く多くの業種に許可定数がある．韓国周辺水域の最適資源利用にみあった漁船数を示したもの（減船目標）で，実際の許可件数も漁獲量と同じく1990年を境に増加から減少に転じている．

　ただし，漁船当たりの漁獲能力は大型化が制限されているものの，高馬力化，漁撈機器の近代化によって増強された．資源水準が低下したので，漁獲能力の増強にもかかわらず生産性は停滞したままで，その結果，過剰投資が顕在化し，雇用労賃の急騰もあって漁業経営を圧迫した．漁業経営の悪化が後述する減船事業の進捗を後押しした．

3·2 TAC制度の導入

　韓国は1999年にTAC制度を導入した．先行した日本のやり方とはかなり異なる*²．水産業法や水産資源保護令の改正でTAC制度の基本的な枠組みを定め，具体的な方法については1998年にTAC管理に関する規則を制定した．その内容は，海洋水産部長官が資源評価を基礎に漁業条件を勘案してTACを決定して，地方政府に配分し，地方政府はTACの70％を漁獲実績に応じて個別に配分する．残りの30％は追加配分する仕組みである．

　1999年から試験的に実施され，2001年から一部魚種について本格実施としている．現在，対象魚種は9種類（サバ，アジ，イワシ，ベニズワイガニ，ウチムラサキガイ，タイラギ，済州島サザエ，ズワイガニ，ガザミ）で，沿岸性の貝類・カニ類も含まれている．魚種選定基準は日本と同じく，経済的に重要である，資源が減少していて管理が必要である，周辺水域で外国漁船が漁獲している魚種としているが，漁業調停を目的に加えている点が異なる．

　対象漁業はその魚種を最も多く漁獲する漁業であり，ほとんどが対象地域を限定している．たとえば，サバ，アジ，イワシの対象漁業は大型まき網だけであり，ガザミは西岸北部の刺網とかご，サザエは済州島の海女漁業といったように地域を限定している．また，TAC対象漁業であっても参加しない漁業者もいて，参加者数が限られる．

　TACに対する漁獲実績（消化率）は，大型まき網の3魚種は変動が大きく，それぞれの消化率は極端に開き，浮魚の資源評価，予測の難しさを露呈している．それ以外の魚種は貝類とカニ類で，TACを段階的に引き下げている．そのため，それぞれの消化率は高まっている．

　韓国のTAC制度は多くの問題を抱えている．課題を3点指摘しておく．

　①サバ，アジ，イワシといった浮魚は回遊するので，隣国の日本や中国との連携，共同管理が必要である．

　②沖合漁業のうちでも底曳網は管理対象外である．底曳網は，漁獲魚種が多様で魚種別管理が難しいことに加え，その種類が多くて相互に競合するだけでなく，主漁場は東シナ海・黄海なので中国漁船との競合も著しく，韓国だけが

---

*² 韓国海洋水産開発院：総許容漁獲量（TAC）割当て制度の運営方法に関する研究（1997）（韓国語）．

TAC 管理をしてもその効果は期待できないといった事情による．対象魚種を増やす場合のネックになる．

　③TAC の個別配分は実績配分に基づくとしているが，実際には均等配分されたり，割当て分の譲渡や売買もないのでオリンピック方式と変わらない．対象漁業者が全員参加しているわけではない，漁獲報告の漏れがある，漁獲量がTAC を超過しても強制規定（漁獲停止命令や罰則）の適用がない，ことがTAC 制度を形骸化させている．

3・3　減船事業

　減船事業は沿岸・沖合漁船のうち許可定数を超えた漁業を中心に1994 年から始まった．資源の回復，生産性の向上，不法漁業の解消を目的とした．2004 年までの11 年間に3,000 隻余を見込んだが，新漁業協定によって漁場の縮小が迫られると，1999 年から国際減船事業を加えた．減船事業の大半が沖合漁船の減船となった．

　減船実績をみると，浮魚漁業，底魚漁業の別なく，その進捗率は100 ％を超えており，経営悪化や将来性の暗さから減船希望者が予想を上回ったことを示している．沖合漁船は全隻数の3 分の1 に相当する2,000 隻余が減船されて，すべての業種で許可定数内に収まった．沿岸漁船は現存の1 割を2005 年から4 年間で減船する予定である．対象は競争力の低い業種，資源への打撃が大きな業種，不法漁業や漁業紛争を抱えた業種である．

§4.　日本の漁業と漁業管理

4・1　東シナ海・黄海の沖合漁業

　東シナ海・黄海では大中型まき網と以西底曳網はともに著しく減退している．大中型まき網は資源の変動によって1990 年代後半から漁獲量が急減し，減船が相次ぐようになったが，これは韓国の大型まき網の動向と一致している．以西底曳網にいたっては，資源の減少と外国漁船の圧迫などにより，漁獲量が1 万トンを割り込むまでに低下している．新漁業協定による相互入漁や共同利用水域という枠組みは，資源の回遊に合わせた広域の漁場を必要とするまき網には有効だが，国際競争力の低い以西底曳網にとってはその衰退の歯止めにはならないことを示した．日本海における底魚漁業はEEZ の設定と入漁規則に

よって韓国漁船の脅威が薄らいでいる．新漁業秩序下における外国漁船による被害や経営維持に対して日韓，日中の2つの対策基金が設けられている．

4・2　TAC制度

日本は国連海洋法条約を批准し，EEZを設定した翌1997年から資源管理法に基づいてTAC制度を導入し，現在，7魚種で実施している（サバ類，マアジ，マイワシ，サンマ，スケトウダラ，ズワイガニ，スルメイカ）[7]．対象水域は日本EEZであるが，その後の漁業協議でEEZの一部が共同利用水域となって日本の取り締まりが及ばなくなり，制度上のずれが生じている．外国漁船は7魚種とも漁獲していたが，資源の減少が著しい底魚から閉め出し，他の魚種についても漁獲割当てを削減し，また韓国とは漁業種類別割当てに魚種別割当てを加えて，TAC管理との関連を強めた．このようにTAC制度に沿う形で外国漁船の入漁を規制している．

TACは資源評価に漁業条件を加味して決定され，大臣管理分と知事管理分に分けられて，前者は漁業団体（主に沖合漁業），後者は地区漁協（沿岸漁業）へ実績に応じて配分される．韓国の場合と違って，TAC魚種を目的とするすべての漁業を管理主体とし，全員参加の仕組みが作られている，各漁業団体や地域内ではオリンピック方式をとっている．

TAC量に対する漁獲実績（消化率）は，サバ類，マアジ，マイワシは資源変動によって乱高下している．100％を超えた時も，外国漁船が漁獲しているなどの理由で漁獲停止命令や罰則といった強制規定は適用しなかった．その他魚種の消化率は比較的安定している．

ズワイガニ以外は資源回復の兆しがみられず，過剰投資や過当な漁獲競争の解消にもつながらないことから漁業者の参加意識は薄らいでいる．

東シナ海（対馬海峡を含め）ではサバ類，マアジ，マイワシが対象で，漁業種類としては主にまき網がかかわる．これら3魚種は韓国もTAC対象魚としている．

§5.　展望と課題

5・1　新漁業秩序の展望と課題

北東アジアにおける200海里体制は，日中韓3ヶ国が相互に新漁業協定を締

結したことで，21世紀初頭には地域全域に及んだ．それから数年間の助走期間を経て，2005年頃に確立している．新漁業秩序は，国連海洋法条約に基づいて2ヶ国間で結んだ新漁業協定で成り立っているが，EEZの他に共同利用水域，現行操業維持水域を設け，しかもそれらが重複したり，管轄権があいまいであったりと変則的である．このことは日中韓3ヶ国が相対する東シナ海・黄海で著しい．また，新漁業協定は暫定と銘打っているが，領土問題の解決やEEZの境界画定が見通せないので，長期的な体制となる．

　3ヶ国のEEZ内では相互入漁が行われ，隻数および漁獲割当量とも等量主義が目指され，さらには縮小均衡に向かっている．縮小均衡は，漁業勢力の弱い国が漁獲実績が低く入漁希望が減ったり，外国漁船の入漁に反対するからであり，一方の縮小に他方も合わせる形で進行する．縮小均衡がどこまで進むかは，相互入漁をすることが合理的な浮魚の漁獲割当てが目安になると思われる．

　共同利用水域は，漁業勢力の強い国が支配的に利用している．そこでの共同管理は，漁業勢力の強い国にとって規制強化になるので消極的である．日中の共同利用水域では1996年水準に漁船隻数，漁獲量を凍結したように，共同管理を進めるには上限を設定するか同一比率で削減する方法が現実的である．

　共同管理は，資源が境界を越えて回遊，分布するので，東シナ海・黄海では2国間だけではなく，関係国（現実的には3ヶ国）が集まって協議するのが望ましい．その場合，回遊性の浮魚と定着性の底魚を分けて，前者は相互入漁，後者は自国管轄水域（EEZおよび共同利用水域）内とするのが合理的である．浮魚漁業と底魚漁業では200海里体制に対する利害，対応が異なるのである．各国の利害と漁業種類間の利害を調整しつつ，海域全体の整合性のある管理体制が求められる．

5・2　漁業管理の課題

　新漁業秩序への移行とともに自国周辺水域での漁業依存度が高まり，沿岸国の漁業管理に対する責務が大きくなった．

　TAC管理は日本と韓国が実施しているが，中国は未だ実施していない．迅速，正確な漁獲量の把握と関係漁業者の組織化といった条件が整っていないこと，底曳網漁業のウェイトが高く，漁獲魚種が多様なことがTAC導入の足かせになっている．日本と韓国ではTAC管理のやり方が異なるが，浮魚は資源

変動が大きくて管理の難しさを露呈しているし，全体的にTACの消化率が低く，TACを超過した場合でも強制規定が適用されないことから資源回復にはつながらず，漁業者の参加意識も低下している．また，管理対象が共通する魚種での国際協力や連携，共同利用水域を含めた管理が焦点となっている．

韓国と中国では減船事業を実施している．韓国は，周辺海域の資源の最適利用を目標に早くから計画的に取り組み，新漁業協定による打撃も減船事業で対応した．沖合漁船の3分の1を減船するドラスティックな事業であった．中国は200海里規制に伴う過剰漁船の削減と無許可漁船の解消を目指して減船事業を始めたが，補償財源と転業先の確保，漁業者が転業と漁業継続のどちらを選ぶかによって事態が左右される．計画通り進んでも，1割減船なので漁獲能力の過剰体質は変わらない．日本は，東シナ海・黄海においては漁業勢力が小さく，また収益性が低いことから衰退の一途を辿っている．とくに底曳網は中国や韓国との入会操業が続いているので減船効果は小さい．

中国の夏季休漁制度は，規模の点でも漁業者の参加率が高い点でも画期的である．それでも，資源構造が抜本的に改善されず，夏季休漁の強化を課題としている．さらなる強化はこれまでは休漁効果を受益した漁業者の経営を脅かしかねず，深いジレンマがある．

以上，漁業の国際関係，漁業管理の現状をみてきたが，その条件下で，持続的漁業への道を模索しなければならない．浮魚，底魚ともに多かれ少なかれ予測困難な資源変動があって，その管理には漁業経営リスクが伴い，その実行を躊躇させている．資源管理のモチベーションを高め，漁業管理を定着させるには，経済的インセンティブの付与とともに，リスクを小さくするための補償・保険制度，代替魚種・漁場の提供が鍵となっている．

文　献

1 ）深町公信：日韓漁業問題，現代の海洋法（水上千之編），有信堂，2003，pp.196-223.

2 ）三好正弘：日中漁業問題，同上，pp.224-245.

3 ）Park Jae-Young・Choi Jung-Hwa：韓中漁業協定の評価と今後の課題，水産経営論集，31（2），67-92（2000）（韓国語）.

4 ）片岡千賀之：中国における新漁業秩序の形成と漁業管理－東シナ海・黄海を中心として－，長崎大学水産学部研究報告，85，57-66（2004）.

5 ）婁小波：中国「夏期休漁制」漁業管理と制度評価，漁業経済研究，48（3），27-40

（2004）.

6）片岡千賀之・西田明梨・金大永：韓国近海
漁業のおける新漁業秩序の形成と漁業管
理，長崎大学水産学部研究報告，85，67-

80（2004）.

7）片岡千賀之：日本型ＴＡＣ（漁獲可能量）
制度の検証－スルメイカの場合－，漁業経
済研究，47（2），45-66（2002）.

あ　と　が　き

　2005年4月4日に東京海洋大学で行われたシンポジウムでは，100名を超える参加を得て活発な討議が行われた．大学や試験研究機関の水産資源学および漁業経済学分野の研究者に加えて水産業界，行政機関，報道機関など，幅広い分野から関心が寄せられた．当日の総合討論から重要と思われる点について取りまとめた．

レジームシフト下での生物学的な管理方策
　気候レジームシフトに対応した資源動態を次のように整理した．回復期：不適レジームから好適レジームへの移行に伴い卓越年級群の発生などにより資源量が急増する．高水準期：資源量の増加率が緩和され資源量が高位で安定する．減少期：好適レジームから不適レジームへの移行により資源量が急減する．低水準期：減少率が緩和され資源量が低位安定する．このような資源変動をモデル化したコンピュータ実験により，以下のことが導かれた．
　高水準期には高い漁獲率，低水準期には低い漁獲率，さらに漁獲率の変更をレジームシフト年よりやや遅らせることにより長期間の平均漁獲量が最大化される．漁獲率一定方策でも現実的な条件下では上記の漁獲率変更方策に匹敵する管理効果がある．未成魚の保護や最低資源量の確保も重要な管理手段である．また，多魚種資源を対象とした漁業においては，その時の資源量に応じて漁獲率を配分するスイッチング漁獲によって，漁獲量が最大化される．なお，低水準期における加入管理の有効性に疑問があるとの指摘もあり，今後，様々な条件を設定したオペレーティングモデルなどに基づき，異なる漁獲管理方策によって期待される管理効果の比較検討を行う必要がある．

現実の漁業との乖離
　いくつかの漁業について，現状と上記の生物学的な漁獲管理との著しい乖離が指摘された．たとえば，資源の低水準期に漁獲率が高まる，0歳の漁獲が主体となっている，負のスイッチングがある，などである．これらの問題の根本

には過剰投資があるが，10年規模で生起するレジームシフトに特有の問題の例として，1980年代のマイワシ資源量の増加に応じて大中型まき網漁業の大型漁船が相次いで建造された後，船の耐用年数（20〜25年）と資源の高水準期の持続期間（10〜15年）のミスマッチにより，結果的にマサバの回復期にも過大な漁獲努力量が維持されて資源回復を妨げたことがあげられる．このような長期的問題に対する社会政策的な解決策が問われているが，その立案と具体化のためには長期的視点からの明確な管理目標の設定とその達成度を評価するための客観基準の作成，および管理に対する漁業者の経済的動機づけが必要である．

レジームシフトへの対処に向けて

　レジームシフトは資源と環境のモニタリングによって検出可能だが，現時点では予測が困難なため，資源管理上は事後的に対処せざるを得ない．そのため，卓越年級群の発生など重大事態に備える対策案は事前に関係者で合意しておく必要がある．一方，レジームシフトに関するおおよその将来見通しを与えることは，資源の将来を見据えた経営投資戦略や政策立案に大きく貢献できる可能性がある．レジームシフトを前提とした資源管理や戦略的経営，政策立案に向けて，最善の情報や仮説に基づく科学的アドバイスが研究者に求められるだろう．

シンポジウム企画責任者一同

水産学シリーズ〔147〕　　　　　定価はカバーに表示

レジームシフトと水産資源管理
Regime Shift and Fisheries Stock Management

平成 17 年 10 月 15 日発行

編　者　　青木一郎
　　　　　二平　章
　　　　　谷津明彦
　　　　　山川　卓

監　修　社団法人 日本水産学会

〒 108-8477　東京都港区港南　4-5-7
東京海洋大学内

発行所　〒 160-0008
　　　　東京都新宿区三栄町 8　株式会社 恒星社厚生閣
　　　　Tel 03 (3359) 7371
　　　　Fax 03 (3359) 7375

水産学シリーズ〔147〕
レジームシフトと水産資源管理
（オンデマンド版）

2016年10月20日 発行

編　者	青木一郎・二平　章・谷津明彦・山川 卓
監　修	公益社団法人日本水産学会
	〒108-8477　東京都港区港南4-5-7
	東京海洋大学内
発行所	株式会社 恒星社厚生閣
	〒160-0008　東京都新宿区三栄町8
	TEL　03(3359)7371(代)　FAX　03(3359)7375
印刷・製本	株式会社 デジタルパブリッシングサービス
	URL　http://www.d-pub.co.jp/